1 + 1 + 1   1 × 2 + 1 × 2   1 + 1 + 2

〔日〕佐藤大 著

安可 译

佐藤大：

SILHOUETTE.   BACKREST.

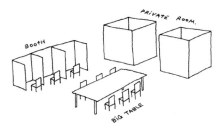

没有

PRIVATE ROOM.

Booth

BIG TABLE

废弃方案

SILHOUETTE.   BACKREST.

U0318739

文化发展出版社

Cultural Development Press

序 言

设计师的很多作品可能看上去都非常光鲜亮丽。殊不知，每个作品背后都有"横尸遍野"的"废"方案。

目前，nendo 工作室共有 400 多个项目在同时进行。项目内容各式各样，包括新商品的开发，常规商品的更新，帮企业通过设计开拓未来的事业模式，以及帮助企业制定交流战略，等等。尤其最近，越来越多的企业都面临一个笼统的课题，"得做点什么，但是又不知道该做些什么"，对此，我们需要与客户共同探讨解决方案。

受到客户的委托后，我会尽可能地从多个角度进行提案，尽快将多个考虑到细节的设计方案提交给客户。因为我相信为客户提供更多具体的可视化方案，更能激发双方的讨论，更加有助于飞跃性地提升成品的质量和精细度。这很像是 IT 界所谓的"敏捷开发"（Agile Development），或者站在顾客角度上进行创新的设计思维中所谓的"快速成型"（Rapid Prototyping）等方法。

如果细究这些工作方式和我从事的工作是否相同的话，也许还有一些差别。我们最拿手的，当属提案内容的密度。方案内容不仅涉及对象物品的形状、颜色、素材等要素，还有新的机构及构造、是否好用，甚至还需涉及包装、Logo、界面、店面设计、广告战略、备选部分、展开事例等。提案密度越高，越能找到站在用户角度的设计，讨论才能更活跃。

我重视多角度、多视角，还有一个缘由：那就是通过让客户体会nendo 的工作程序，我们的思维方式及解决方法可以进一步吸收渗透到我们体内。

一起共享思维过程，讨论思考所得的创意，可以进一步衍生更多的想法。换句话说，能营造出一种整个团队共同设计的感觉。

"废"掉的方案倾诉项目的本质

不过，我说的这种做法会导致一个结果：衍生出数量庞大的"废"方案。假设一个项目出 5 个设计或者创意提案，那么运作 400 个项目就会产生 2000 个创意和设计。如果每个项目采用一个设计，废弃方案的数量将高达 1600 个。倘若要祭奠这些"死掉"的方案，恐怕永远都无法祭奠完。

实际上，这些创意的灵感很多源于一些意想不到的事情，也有一些创意与其他创意相结合演变成了非常棒的设计。对设计师来说，废弃的方案属于我们的精神食粮，经常可以活用到以后的项目中。

向客户提案的时候，我们基本上会抱着让每个方案都准确发挥作用的信心。可是，并不是所有的想法都能称心如意，一些创意和设计被无情抛弃也是在所难免。这大多起因于我本人作为设计师来说还不够成熟，有时提的方案有悖于客户的事业战略及方向性，也有客户单纯觉得"哪个都不错，但这个更有意思"的情况。有时方案实现起来耗时太长、时机存在问题，有的项目性质发生了变化，等等，最终导致起初的方案被砍掉。总之，理由各式各样。

大家一定在杂志或者书籍等媒体上看到过设计师经手的项目，这些几乎都是"成型"的作品。在说明设计意图和理念的时候，设计师往往会从完成的状态出发加以追溯。而对此进行解释说明的设计师很容易给人一种帅气的印象。

很遗憾，设计师绝不是一份帅气的工作。客户将难题抛给设计师，设计师不仅要亲自考察，还需要与所有工作人员共同担忧、苦恼，克服掉很多阻力完成初步提案，经历一次甚至多次被否决之后，才能在期限将至之时让"成型"的方案最终面世。

如此详细的项目经过很少有机会被世人所知，甚至根本无人谈及未曾公开的"失败"。因为，对一个企业来说，将失败或未曾公开的项目公之于众，有弊而无一利。

不过，对于我来说，经历了无数的失败，让我学到很多东西，并在设计师的道路上不断成长。同时，这些失败也让我目睹了不少发展迅猛的客户。

我时常想，正是人们日常看不到的"废"方案以及完成这些方案的过程细节，才蕴藏着设计师的内心纠葛与苦恼，也蕴含了仅凭"成功经历""美谈佳话"无法理解透彻的最本质的价值。

我希望能有更多的人通过设计师"不帅气"的一面，感受设计的魅力。

在本书出版之际，也向授权我使用"废"方案的乐天（LOTTE）、宝贝蒙（TAKARA BELMONT）、早稻田大学橄榄球部、IHI[1]、ACE[2] 等各家企业和单位表示诚挚的感谢。

nendo 佐藤大

---

[1] IHI：株式会社 IHI，日本研发高端技术的综合性工程技术企业。

[2] ACE：ACE 株式会社，日本箱包制造销售大型企业。

目 录
CONTENTS

第一章

四处散落的废方案

散りゆく
ボツ案

"让人把饮料一饮而尽"的垃圾箱

很多设计在提案时很受好评，却因种种原因遗憾落榜。

其中之一便是大型饮料品牌委托我们设计的自动贩卖机用垃圾箱。在街头巷尾设置自动贩卖机的时候，旁边的垃圾箱不可或缺。以垃圾箱为中心，美化自动贩卖机的周边环境，乃是体现一个品牌的社会责任及品牌形象的重要因素。垃圾的回收与维护靠为自动贩卖机补充饮料的渠道销售人员来执行，但是至今为止似乎还没有任何垃圾箱拥有便于工作人员回收的机制。例如，垃圾箱上端是平面的话，路过的人很可能把无关的垃圾放在上面，所以尽量要避开这种设计。而且，为了不让雨水渗入垃圾箱，也要采取相应的对策。此外，现在的垃圾箱似乎与咖啡店里的中杯咖啡尺寸差不多。扔一个咖啡杯进垃圾箱，便能把垃圾箱口堵上，导致后面的垃圾都扔不进去。最后，垃圾箱周围散落一地垃圾。有的店主为此十分头疼。分量不轻的垃圾处理起来十分麻烦，而且需要一定的劳动强度与旷日持久的付出。

　　最严峻的问题是，很多人在扔掉饮料瓶之前不把饮料喝干净。垃圾中有没喝干净的饮料瓶的话，垃圾分类和处理会耗费大量的时间与成本。因此，客户给我们出了这样一个题目："设计一个让人们想把饮料喝干净以后再扔的垃圾箱"。

整理利害关系

　　商家认为，日本人向来以文明礼貌著称，只要设计一个可以把盖子另外扔掉的托盘即可解决问题。要求打开瓶盖扔的话，扔的时候应该就不会残留液体，因此大家围绕着如何设计放瓶盖的地方展开了讨论。不过，我觉得似乎还应该再下点功夫。

　　于是，我从根本上重新思考了下问题所在，并一一做了整理。首先从筛选与垃圾箱有利害关系的人开始。有商家、消费者、维护垃圾箱的渠道销售人员，还有自动贩卖机的持有人。然后，我整理了这四方对垃圾箱的诉求，并将其绘成图。例如，如果垃圾箱可以很好地传达循环再利用的启发意识的话，不仅可以吸引消费者的注意，对于商家也是一个宣传自己对环境问题所持态度的大好机会。此外，若能缩减垃圾处理费用，商家和渠道商一定也会感到欣喜。

我把各自的利害关系用矩阵表示出来，抽取出对各自有利的要素，开始探索什么样的设计才能实现这些利益。

不接受垃圾的垃圾箱

除了用 CG（计算机绘图）进行设计之外，我还用纸箱做了工作模型来确认动作，甚至最后还用 3D 打印机等完善了细节，下面我会给大家介绍方案。究竟如何设计，才能防止垃圾箱被盗，并且在存在大量存货的情况下更便于管理？另外，我们还想到过把垃圾桶设计成花盆的样子来改善周围的景观。

当然，有些答案能够直接解决客户的难题。例如做一些扔饮料瓶的时候必须摘掉盖子的设计，或者在下面做个水槽，即使液体和瓶子扔进同一个口，也能自动进行分类。

其中，有一个出色的创意得到了很高的评价，详见 21 页的方案 F。这个设计的妙处在于，一旦瓶子里有一点水，装有弹簧的垃圾箱口的垃圾接收处便会打开，像日本庭院里接满一定的水就倾斜到另一端的竹筒一样，立即把瓶子"吐"到箱外。在实际设计的时候，我们还做了一个实物大小的模型，检验了弹簧的强度和动作。不过遗憾的是，这些设计至今并没有被选中。

不久将举办东京奥运会，生活在不同文化背景中的人们将从世界各地相聚到东京。如何保持街道的美丽整洁？我认为有必要从这个角度出发，对垃圾箱进行创新。而且，这个项目也让我预感到新型垃圾箱的巨大潜能。

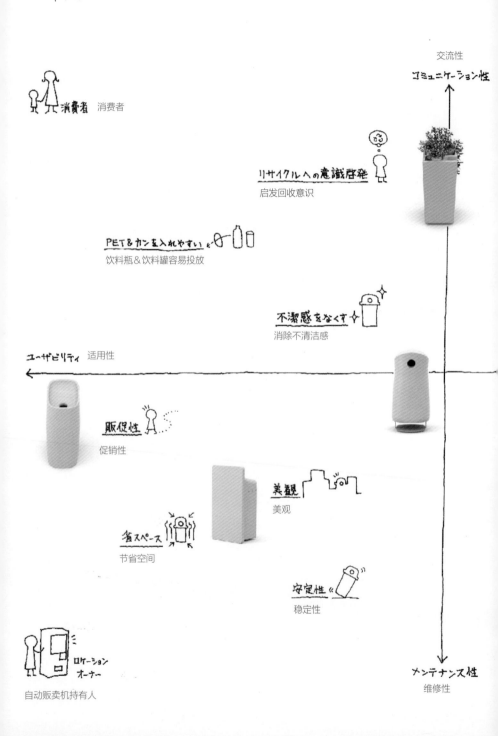

消費者　消費者

交流性
ゴミュニケーション性

リサイクルへの意識啓発
启发回收意识

PET&カンを入れやすい
饮料瓶&饮料罐容易投放

不潔感をなくす
消除不清洁感

ユーザビリティ　适用性

販促性
促销性

美観
美观

省スペース
节省空间

安定性
稳定性

ロケーション
オーナー
自动贩卖机持有人

メンテナンス性
维修性

メーカー
商家

整理利害关系后进行设计

对于消费者（左上）、商家（右上）、自动贩卖机的渠道销售人员（右下）、自动贩卖机持有人四者来说，什么样的垃圾箱才能确保对任何一方都有益？列出各种因素之后，我开始设计实物。

PR性
宣传性

コスト¥
预算

强度/耐久性
强度 / 持久性

操作　オペレーション

処理費用の削減
缩减处理费用

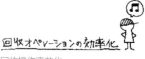

回収オペレーションの効率化
回收操作高效化

ルート営業社員
＋
環境部
渠道销售人员 + 环保部门

方案 A 可盖式垃圾箱

简约且不易被盗、易于保管

由可支撑垃圾袋的架子和覆盖式树脂盖组合而成。盖子和金属框架均为可叠加结构，保管起来非常方便。

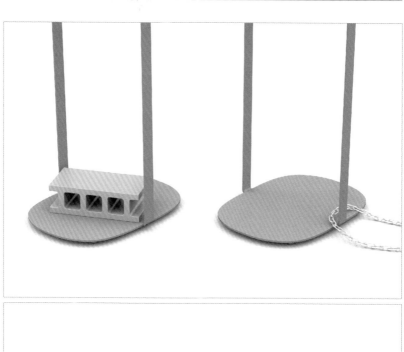

方案 B 花架一体式垃圾箱

旨在美化周边环境的设计方案

该方案需与渠道销售人员协商是否可以负责浇水等，加以照顾。

方案 C 一定会让饮料瓶盖打开的垃圾箱

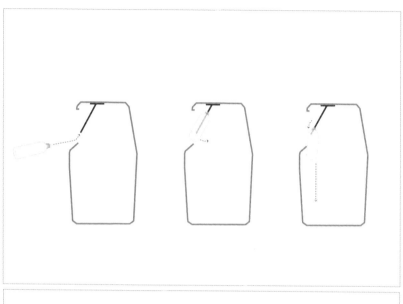

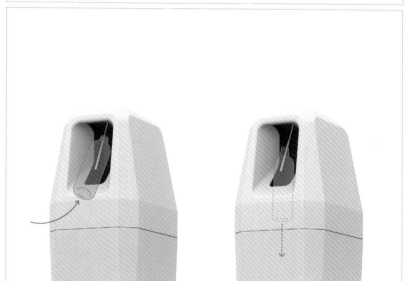

箱口的小棍乃此设计的关键

在垃圾箱入口正中央有一根长度非常合适的细棍，饮料瓶不打开盖的话就无法扔进去。

方案 D 可以将液体与瓶身分离的垃圾箱

液体流到另外一个水槽里
该方案可以解决渠道最让
销售人员困扰的问题——
瓶子与液体混在一起

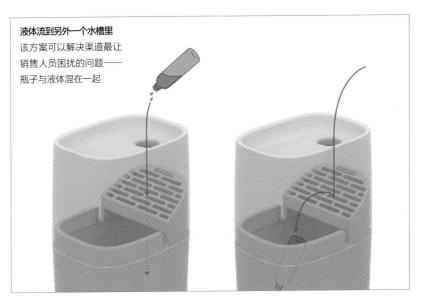

方案 E 大小可变式垃圾箱

伸缩可改变大小
自动贩卖机宽度不一，据此
提出了大小可变的设计方案

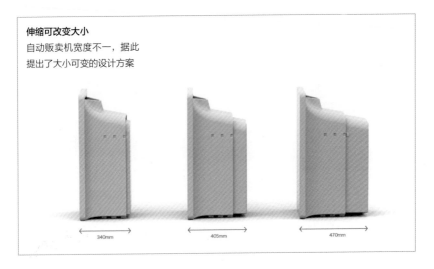

方案 F 吐出式垃圾箱

因各种原因，所有方案最终都没有实现产品化

独具特色的垃圾箱

投入垃圾的箱口处设计了弹簧式的板子，瓶子里有一点液体导致瓶子变重，垃圾箱便会将其吐出。为了检验一系列动作，我们还制作了实物大小的模型。（照片：吉田明广）

初次提案时使用的模型

超越"外形"的设计提案

　　说到我们经手的设计案例，可能大家接触机会比较多的商品之一是乐天的口香糖"ACUO"。的确，我们在这个产品的设计上花了很多心思。

　　我们从 2006 年 ACUO 上市起便负责其包装设计。设计的时候，一向秉承"再往下一步"的原则。商店里的商品大多喜欢高调宣扬他们的设计卖点，置身其中的我们决定反其道而行，大胆消减掉不必要的元素。这反而成为商品在商店里脱颖而出的一个契机，包装设计就能非常直接明了地向消费者传达商品的功能。ACUO 上市一周后，就获得了公司其他口香糖类产品前所未有的销售额，创造了全新的记录。

　　但是，日本的口香糖市场正处于巨大的市场变革之中。口香糖市场年年走低，薄荷糖等清凉型糖片的存在感逐步提升。尤其以 ASAHI FOOD & HEALTHCARE 的"MINTIA"和 Kracie Foods 的"Frisk"居多。很多人认为嚼口香糖适合用来提高注意力或消除困意等，但在只想寻求清凉感或改善口臭的时候，还是薄荷糖更方便一些。

在这样的大环境下，一向拥有口香糖市场绝对占有率的乐天也不能对薄荷糖这一劲敌视而不见。因此，乐天委托我们一起思考能否开发一款新的爆款产品。

设计吃的"体验"

在这种情况下，我们提出了可以让顾客随身携带的口香糖，而且为了让人们把口香糖拿出来吃的时候能非常享受这一行为，也在商品设计上下了很多功夫。设计的时候，通过对竞品的调查，我们发现在商品的包装设计这一点上，任何企业都没有正式开始全新的尝试。而且，根据以前的项目经验，我们了解乐天在口味方面拥有很强的技术，例如吃到一半味道会发生变化，或者合成两种口味，等等。所以，我们考虑能否在包装或口香糖片上面做些设计，来增强消费者吃的体验或者吃的乐趣。

为了提供与以往任何口香糖完全不同的使用体验，我们在这次提案的每一种设计上都下了各种各样的功夫。比如，从盒子里取出糖片的时候，像折断板子一样啪的一声拧开盒子，给顾客一种爽快感。再比如，盒子的大小根据里面口香糖的数量进行改变、挤压一边就能像跷跷板一样打开盖取出口香糖的新型构造、采用管状容器使产品在商场里瞩目等等。

不仅如此，我们还在口味上做了一番文章，想了很多点子来突出产品的口味。例如，在一个盒子里体验两种味道或者把两种味道加在一起让清凉感提升或者味道发生变化，等等。根据不同口味，改变口香糖形状或凹凸设计，或者在口感上也花心思进行设计。我们甚至还用CG（计算机图形）模拟出产品放在商店里的样子，提议商品如何与商场里的品牌实现差异化。

在这些设计中，管状包装得到了很高的评价。乐天在这个包装的基础上，开发了面向二三十岁年轻女性的糖果，2014年年底在北海道开始试销售。小粒糖果从管状包装里取出来的这种新型使用体验获得了好评，现在正在为面向全国销售而进行改良。

听到设计，很多人可能只会想到颜色、绘画、形状这些表面性的东西。但是，我们的提案是"消费者通过这个设计能产生什么样的新奇体验"。设计需要突破固有的束缚加以灵活运用。

方案 A 大小可变型

可变型包装

圆筒状包装，拧的时候形状会发生变化，根据吃的颗数，包装可以逐渐缩小。缩小包装后能消除口香糖和瓶子之间的空隙，防止瓶子出现咣当咣当的声音。而且，竖条形包装在陈列的时候，能够比其他竞争产品更加醒目。

方案 B 实现"掰断"的快感

享受双色口味

像折断木板一样掰开包装盒，可以取出两种颜色的口香糖。掰断时"啪"的声响可以给人一种很爽的感觉。

方案 C 以时间定胜负

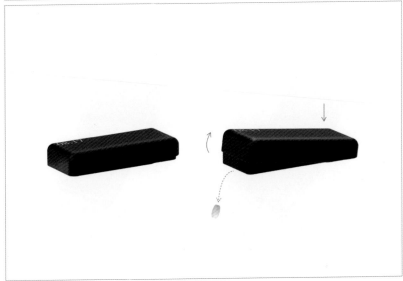

用图画呈现时间与味道的关系

盒子带有圆弧底，挤压盒子便能取出口香糖。早晨是清爽口味、傍晚是约会前口味、15 点可以代替小点心食用、深夜可服用消除睡意的刺激性强口味等，可以根据时间设定食用场景。在众多竞争品牌中，谋划一场限定时间的局部战争。

方案 D 享受两种口味

享受两种口味组合装

为了享受口味的变化，我们还提议把两种口味分装到一个包装盒中，橘色和橙色口香糖一起吃时会变成西柚味，或者不同的口香糖一起吃的话可以更刺激，等等。

方案 E 外部和内部采用同样设计

打开取出式包装

从中间打开的时候，左右都会有口香糖出来。根据口香糖的刺激性强弱，口香糖的叶子标记数量不同，叶子数量通过包装和口香糖片两者来表现。该方案注重包装与内部的联动性。

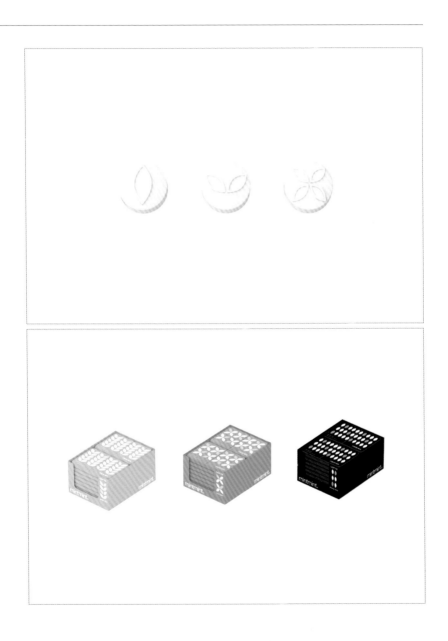

—— **方案 F　竖着摆放更加瞩目** ——

管状包装

完全采用护手霜样式的设计，包括 POP 广告的使用方法。无论是携带还是放置的时候，该设计均能给人一种非常熟悉的感觉。由于管身非常柔软，所以不会发出咣当咣当的声音。这款设计在商店里比其余商品更具有冲击性。

即使和其他品牌的商品并排
放在一起，也非常有存在感，
放在生活中的各个场合都毫
无违和感，能完全融入周围。

—— **完成形态** ——

包装设计的最终方案

2014年11月,一款面向二三十岁的人、名为Bcan的糖果开始发售。为了销至全国,目前正在改良阶段。

(照片:山崎彩央)

—— 初次提案时的模型 ——

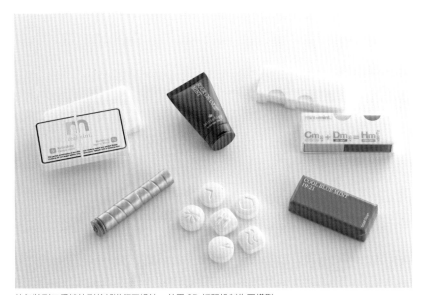

从包装到口香糖的形状都进行了设计，并用 3D 打印机制作了模型。

用设计创造 1.5 倍的价值

除去提很多方案的情况以外，也有锁定一种设计进行提案的情形。仅有一种方案的时候，我们会在提案的时候格外重视以多个角度，向客户传达创意的广度。

接下来为大家介绍一个印象深刻的方案——生菜的设计。现在，各种各样的商家都在尝试在工厂的"温室"里生产蔬菜。这种做法的特征就是使用 LED 光源，种出以"无农药，免洗即可使用"著称的蔬菜。由于蔬菜在近似无菌的环境中长大，所以可以在常温下长期保存。不过，这种蔬菜的价格较高，是一般蔬菜的 1.5 倍。于是，客户委托我们给他们用这种方式培育出来的生菜设计包装，进一步提出全新的售卖方式。

对于消费者来说，仅凭"免洗即可食用"这一特征就将价格定到一般产品的 1.5 倍恐怕有点难以接受，所以需要活用设计，为产品提供更深一层次的价值。于是，我们首先从吃法上思考解决方案。例如，把生菜缩小到棒球那么大，以此来表现产品的味道及营养价值已浓缩到 1.5 倍。

想到这个创意的时候，我脑子里浮现出外国人有一边啃苹果一边走路的习惯。把苹果换成生菜不就行了吗！我们似乎可以提倡一种前所未有的生活方式，"早上在便利店或车站买了生菜，肚子饿的时候就啃几口"。另外，还可以通过强调直接啃的情景，宣传生菜不洗便可以食用的特征。

于是，我们先在如何让生菜看上去既好吃又有魅力上面下了很多功夫，生菜的魅力当然要数吃在嘴里的口感了吧。如果生产"咔嚓咔嚓"和"非常柔软"的两种口感，并设计能反映出这种这两种口感的容器与之呼应，应该会十分有趣吧！命名的时候也花了很多心思，比如可以用"完全生吃的生菜 硬／软"等名字，便于更好地突出这两种生菜的特征和区别。

同时，也可以对店面陈设的氛围加以设计。例如，对容器的形状加以设计，让容器既可以挂在挂钩上，又可以陈设于货架上。这样一来，无论在超市、便利店，还是车站售货亭或者自动贩卖机等地方，生菜都能以与环境相适应的陈列方式展现在消费者面前。

但是，要培育这样硕果累累的生菜需要在温度和照明调整上耗费很大的能量，所以最后这个创意需要从零开始修正，我们又重新开始了一个全新的方案。

从生菜的大小开始设计

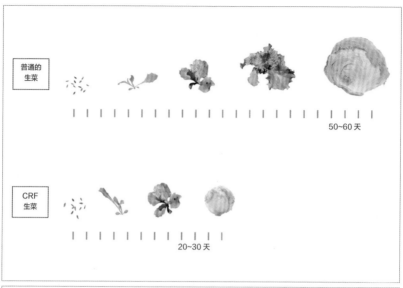

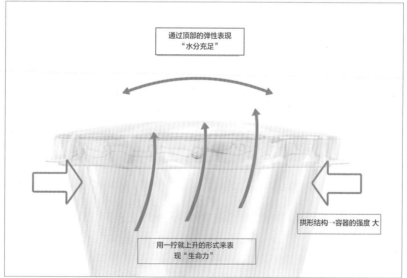

将温室里的生菜凝缩培育，装在小型包装盒里。

通过设计对功能性也进行提案

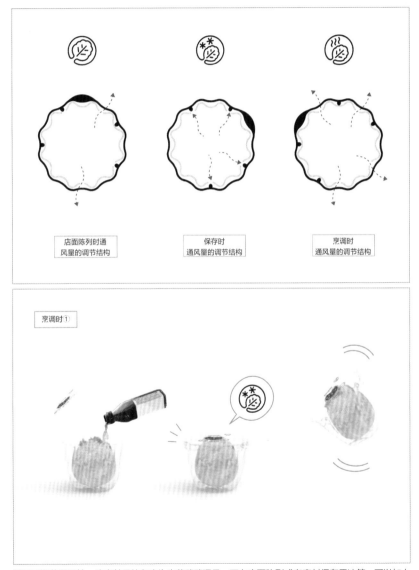

| 店面陈列时通风量的调节结构 | 保存时通风量的调节结构 | 烹调时通风量的调节结构 |

烹调时①

盖子可调节通风性。改变盖子的角度为生菜稍稍通风,可在店面陈列或者密封保存于冰箱,可以加上酱汁摇晃,还可以变换多种使用方法,等等。

对店面的陈列方式也进行提案

准备两种口感的生菜。下面是店面陈设示意图。由于可在常温下长期保存，可放在碗装方便面旁边或者车站售货亭等各种渠道进行贩卖。

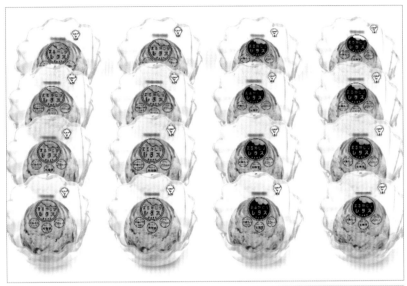

在容器底部设计一个斜切面，设计出咬过的样子。将切面作为底面时，生菜可以斜着摆放，在店内看起来更具有吸引力。

第二章

指引未来的"废"方案

未来を導く

ボツ案

变"废"为推进力

最近，我感到设计师的工作正在发生着很大的变化。以前工作的时候，客户告诉我们目标人群是哪个年龄层、价格区间是多少到多少之间，让我们根据这些素材设计一个杯子，等等，几乎所有的设计委托都从非常具体、明确的指示开始。但是，现在客户委托给我们的是更加抽象的工作。例如，"想提高商品的销售额""想让更多的人了解我们公司""想活用我们擅长的技术开辟新的工作领域"等等。

既有的商业习惯变得越来越不适用，未来工作的方向也更加难以预测。这可能也要归罪于现今的商业环境。但是，很多企业面对这些模棱两可的问题，并不知道具体该做些什么。

于是，我的职责变成了提出解决问题的方法，并以设计提供相应的解决策略。方法和策略当然不止一种。客户是要在短时间内达成目标，还是从长期的角度逐步靠近目标；是要与竞争企业正面对决，还是在不被人注意的情况下发现并开拓新的市场……企业的方向多种多样，根据客户的经营战略，我们提出的创意和设计也完全不同。

　　换句话说，我们要帮客户做经营判断，每次都需留意"从多方位提出方向性迥然不同的方案"。方案的数目也因状况而异，如果企业采取进攻战略，方案就一定要有挑战性。反过来说，如果企业采取防守战略，就需要提一个彻底安全的选项。尽最大努力根据客户的战略设计商品、包装、室内装饰以及交流方案。当然，我们的目标是没有任何"废"方案，从每一个方向出发做的提案都是"最佳"方案。我们不断努力让方案精益求精，相信无论客户选择哪个都不会后悔。

要有把设计废弃的觉悟

　　收到多个方向性各异的设计方案时，选择哪个、废弃哪个就要靠客户做大量的整理工作，同时也需要客户有很强的心理准备。明确了方向性后，成果会变得清晰可见，大家便会展开激烈的议论。我们提案的时候，要做好抛弃大多数方案精简到一个方向的心理准备，同时也要让客户产生"好不容易做一次，最起码都要做到这种程度"的共鸣。

一个方案定好一个方向后，所有成员以坚定的意志不断打磨锤炼，才能提高项目的成功率。而此时被抛弃的废方案也起着十分重要的作用。这些方案相当于三段式火箭的助推发动机，是帮助客户消解迷茫并推进项目所不可或缺的因素。

在想出很多创意、产出众多废方案的同时，我们可以逐步缩小创意和设计的范围，最终专注于提高某一个方案的品质。在和客户共同推进设计项目的时候，过程大抵可以分为几个类型。接下来，我将分类为大家介绍各个企业如何活用废弃方案。首先，以最近的项目为例，介绍其中一个过程，即所谓的"图层型"活用，这个活用方式适用于管理多个业务部门的同时开拓新业务。

凭借跨部门的提案创造新业务

2016 年 5 月，我接到了来自宝贝蒙（Takara Belmont）[1] 的工作委托。

宝贝蒙不仅面向理发店制造和销售椅子、日常用具等器械器具，同

---

[1] 宝贝蒙（Takara Belmont）：日本知名企业，从 20 世纪起就致力于专业开发高品位、高端科技的美容美发设备，并以此被人们熟知。在全世界多个国家设有分公司。

时还在从事化妆品的开发和销售、创业咨询及空间设计等业务，可以说能够提供与理发店相关的所有业务支持。宝贝蒙所提供的整合性服务至今没有其他企业能够做到，其服务也奠定了宝贝蒙在美容行业不断发展壮大的悠久历史。

不过，美容行业与很多行业一样，未来的走向也不容乐观。宝贝蒙作为多年的业界领袖，期望解决整个行业的课题，实现持续性发展。所以他们找到我，希望我们与他们一起共同思考美容行业崭新的生存模式。

近年，到处都在尝试以理念化的方式展示企业或业界对于未来的目标，借以提高企业的品牌价值。米兰国际家具展（Milano Salone）为首的设计创新以及巴塞尔艺术展（Art Basel）等各种艺术活动、行业展览会等场合，成了企业展现自有魅力和可能性的一种新式品宣手段。

单纯地改变企业的 Logo、网站、名片等图形设计，或者单纯地打广告，并不能称作品牌宣传。很多企业倾向于站在消费者的角度，用全新的方法来宣传自己的先进性和前瞻性。当今时代，这些都跟品牌宣传息息相关。

此次宝贝蒙的需求并不是单单设计一个椅子、设计化妆品包装等特殊化的东西，而是从根本上重新对美容行业进行思考。他们希望我们实际落实各种商品的设计并且让商品看上去更具有魅力，这对于我们来说是一项艰难却又充满意义的工作。

在推进项目的时候，我们向宝贝蒙提议设置一个横跨三个业务领域的项目小组，包括负责理发店椅子等设备的"机器部门"、制造并销售洗发露等产品的"化妆品部门"以及负责理发店室内设计提案的"空间部门"。通过让平时独立处理业务的部门共同分享行业课题，促进大家一起思考企业的方向性。之所以提出这样的请求，是因为我觉得这种做法可能会成为讨论有建设性的商业结构的一大契机。事实上，创设这种跨部门的组织对于宝贝蒙来说也是初次尝试。

美容行业面临的三大问题

① 市場変化 … 低料金化
　　　　　　　来店サイクルの長期化

①市场变化……费用降低
　　　　　　来店周期变长

② 人材不足 … 労働環境悪化→離職率増加
　　　　　　若いスタッフの技術力、コミュニケーション力が育たない

②人才不足……劳动环境恶化→离职率增高
　　　　　　年轻员工的技术水平、交流能力不够

③ 新コンセプトの欠如 … トレンドの希薄化、多様化

③新概念的欠缺……潮流的稀薄化、多样化

三个事业部的三大问题

首先，我请三个部门的成员组成小组，对美容行业现今面临的问题及未来可以期待的行业对策进行了总结。

于是，我们遇到了这样三个问题。第一个问题就是美容市场正发生着巨大的变化。例如，费用下降的问题越来越严重，顾客来店的周期越来越长等，导致理发店难以产出利益。

第二个问题是难以留住优秀人才。随着少子化问题的严峻，寻求年轻的人才越来越难，而且这些年轻人需要长期培养，这其中也存在着很大的障碍。他们不仅要学会剪发、护理、染色等多门技术，还要掌握同顾客交流将近两小时的能力。但现实是，很多年轻人在学成之前就辞掉了工作。

第三个问题是没有开发一种所有人都想利用的全新服务模式。以前，发型和风格都有明确的流行趋势，多数人在选择发型的时候都会追随潮流。美容美发沙龙只要引进相应的机器和化妆品，提供相应的服务，就能获得一定程度上的销售额，但是现在已经没有如此明确的趋势了。

总之，随着消费者嗜好的多样化，美容美发沙龙慢慢搞不懂该引入什么样的设备、该使用什么样的化妆品。在顾客看来，来店的动机也不再是想享受理发的服务，这就是我们前面提到的第三个问题。

毫不勉强地轻轻松松想出创意

那么，针对这三个问题可以采取什么样的解决方案？下面就到了提出有望成为解决突破口的方案的阶段了。初次提案的时候，我们尝试了很多个创意，和客户一起锁定理念，不断打磨设计方案。首先，我来解说一下起先想出创意是怎样一个过程。

创意并不是从 0 开始创造出来的，而是把既有的信息套进某些"方程式"，通过从新的视角观察事物让创意出现的。

这次的案例所使用的"方程式"有几个，其中一个就是把解决方案逐一叠加到其他状况之中，让创意显现出来。这些都建立在下面这张图的基础上。

首先，通过向宝贝蒙项目的负责人了解情况并且逛了多个陈列室之后，我把注意到的几个关键词记在了脑子里。

随后，我把与这次项目相关的人们所担当的"设备器械""化妆品""空间"三个业务领域写了出来，按照"设备器械与空间""空间与化妆品""化妆品与设备器械"的方式把各个业务领域两两相关的部分划分了出来。进而思考两者之间有什么共同的课题，可以用什么方法来解决，如果把两种要素组合起来会有什么有趣的效果？思考的同时，也把之前注意到的关键词填入了图表里。

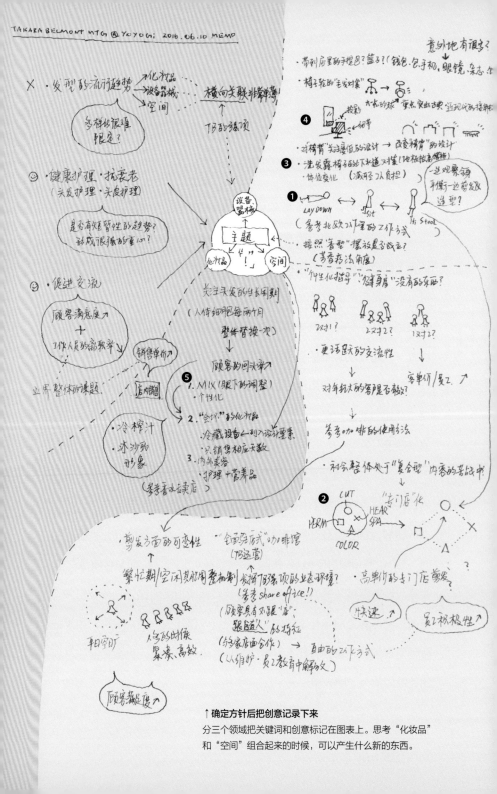

↑确定方针后把创意记录下来

分三个领域把关键词和创意标记在图表上。思考"化妆品"和"空间"组合起来的时候，可以产生什么新的东西。

寻找能够把所有业务串联起来的超强创意

如果在思考的时候，可以有意识地把两个领域结合起来，例如想一下这个领域的课题可能会对其他的业务领域有所影响，或者这个创意也能用于解决另一个领域的课题等，不仅容易产生新的创意，还可以很好地把这个创意培养成强有力的概念。比如说，以往的理发店一般需要在理发之后移动到洗发台，最近听说新增了很多可供人们理发后当场洗头的设备。可自动调节的理发椅让坐在椅子上的人从普通状态到平仰状态成为现实。目睹了这些后，我突然想到一个点子：除了躺倒，是不是还可以设计一种可以一边站着观察全身一边理发的高脚凳。（前一页图的❶）

上述想法不过局限于"设备器械"。把这个想法架构到设备器械和空间的共同领域中，自然而然就会思考使用高脚凳的理发店应该会变成什么样子。这样的理发店占地面积一般不大，或许可以进行紧凑型的空间提案。另外，椅子和理发专用的椅子不同，坐上去感觉应该不会那么好，是否也可以把理发店特殊化为快速剪发的地方。那么，以剪发技术及速度为卖点的高价理发店也未尝不能接受。想法像连锁反应一样一个接一个地涌现出来。（❷）

对于理发店来说，有关水的配备非常重要。除了需要设置大型的热水器，还需要加高地板确保上下水道正常工作，总之，在水的问题上，需要进行大量的投资。据我所知，花费在这方面的技术和精力将会十分惊人。

不过，我产生了一个极端的念头，"如果不用水的话，理发店又会变成什么模样？"这样，确实成本会大幅度减少，空间的自由度也会更高。说不定家具和各种用品都会变得更加轻便，至今以洗发露和护发素为主的化妆品销售也会演变出全新的概念。（❸）拓展多方位思维的同时，逐渐产生了近乎将"设备器械""空间""化妆品"三大业务领域全部串联起来的创意。

再跟大家分享一个我一边观察陈列室一边探讨沙龙椅子设计的故事。我发现大家特别热心地告诉我要对椅子的正面进行设计，而没有一个人提到椅子的背面。但是顾客进入理发店的时候，最先看到的其实是椅子背，介绍沙龙的照片也张贴在椅背上。准确地说，应该是后方45度角。

在椅背和扶手的设计上再下点功夫是不是也不失为一个很好的想法呢？带着这个疑问，我产生了这样的想法："多准备几种椅背和扶手的设计，针对客户定制不同的方案"。（❹）

那么，"根据客户定制"的理念如何运用到空间里去？如果把椅子和隔断设计成可移动的形式，既可以在繁忙的时候接待更多客人，也可以在空闲的时候让顾客更加舒适。理发店这样利用空间的话，一定能起到更好的效果吧？倘若把"根据客户定制"的理念运用到化妆品上又如何呢？是不是可以根据每个顾客的发质当面调配合适的化妆品？就这样，有趣的想法一个接一个地出现了。（❺）

想创意的时候具有一定的方程式↑

黄色部分是思考"类比其他行业的类似服务会怎样？"时得出的想法。蓝色是思考"对现在的状况'逆向'思维会怎样？"时得到的想法。粉红色是把一个解决方案应用到其他情况时产生的想法。用这种方法准备几个"创意的方程式"，就能顺利找到多个创意和灵感。

不断尝试其他行业的创意

在这个阶段，首要任务是不断让大脑里的想法增殖，因此需要套用各种各样的"方程式"来想创意。顺便解释一下，前面谈到的几个点子都产自于逆向思维的方程式，包括相比椅子的"前面"更关注"后面"、相比"躺椅"更倾向于做"站着"理发的椅子，等等。对于任何事物，大多数人都会产生某些理所当然的想法，而我在思考的时候，经常使用的方法之一就是逆向思维法，"反过来想一下会怎样呢？"（右页蓝色部分）

而这次的事例还用了另外一个方程式，即"换作其他行业会怎样？"这个方法需要我们不断从另外的角度进行思考。

例如，最近理发店经常向顾客销售店铺里使用的洗发露和护发素等，这也成为理发店盈利的很重要一项业务。我听说为了提高这种"店面销售"的销售额，很多理发店特意设计了酒吧式的柜台来陈列商品。于是，我开始思考如果换作"果汁或冰沙的小店"会怎样？一边想象现场用榨汁机为顾客榨水果的样子，一边在脑海里描绘这样的场景："现场为顾客调配适合自己发质的化妆品，把化妆品定位成需要趁着'新鲜'使用的'会变质'的化妆品"。

由于陈列的化妆品非常重视新鲜度，所以可以使用冰箱这样的设备器械。冰箱无疑象征着化妆品的品质。我确信这个点子放在化妆品以外的案例上依然适用，是一个非常有意思的创意。所以，根据注意到的关键词，可以与其他行业的印象相碰撞，经过神奇的"化学反应"之后，会收到意想不到的效果。

我相信当你看到这些笔记的时候，可以非常准确地把握到我的整个思维过程。把两个要素结合起来，不断推导出关键词，创意便会自然而然地出现。有了创意并进一步完善后，就可以做出很多设计和方案，那么下一步就可进入以覆灭为前提的提案阶段了。

不畏失败，整合创意

下面将基于得出的创意，进入"把创意有形化"的阶段。首先，刚才我们已经对第一阶段——使头脑中的创意增值做了说明。其次，就需要动手进一步整理、整合创意。之后会产生大量不被采用的创意，与客户一起淘汰废弃创意，不断对方案进行打磨。工作的时候，一般都要经过这些过程才能最终完成设计。

确定方针的三周后，我们列出了刚才的创意，并举出三个有希望成为解决问题的突破口的理念，并在其基础上做好了设计。我们要对设备器械、化妆品、空间这三项业务相结合的业务模式进行提案，而在设备器械设计方面，我们准备了理发椅的详细 CG 图，通过具体的视觉效果做了三种提案。对于前面所述的来店周期长等市场变化、确保人才以及业务创新这三个问题，我们打算先解决其中两个难题，按照下图的方式分别提案。

① 市場変化 … 低料金化
　　　　　　来店サイクルの長期化

　①市场变化……费用降低
　　来店周期变长

② 人材不足 … 労働環境悪化 → 離職率増加
　　　若いスタッフの技術力、コミュニケーション力が育たない

　②人才不足……劳动环境恶化→离职率增高
　　年轻员工的技术水平、交流能力不够

③ 新コンセプトの欠如 … トレンドの希薄化、多様化

　③新概念的欠缺……潮流的稀薄化、多样化

↓

我尝试用下页的三个概念解决
①市场变化②人才不足③新概念
型服务欠缺这三个问题。图中用
四边形框起来的每个概念都建立
在解决相邻的两个问题的基础上。

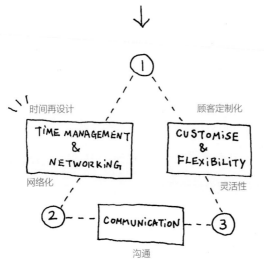

时间再设计

TIME MANAGEMENT
&
NETWORKING

网络化

顾客定制化

CUSTOMISE
&
FLEXIBILITY

灵活性

① ② COMMUNICATION ③

沟通

Concept 1　顾客定制化＆灵活性 ————————————————————

如上所述，美容行业曾经经历过追随单一潮流的时代。那时候的染发机器和药水等根据当时的潮流准备单一的东西即可，可是现在，我们已经过渡到了一个很难明确潮流的时代。

据此，我们提倡理发店应当具备适应性、可变性，提供丰富的选择来服务"追求不同于别人的自己""讲究自我特色"的消费者。迎合顾客嗜好的时候，或许也可以从家具上着手。例如，为椅背和扶手等准备了很多设计，设计了根据空间的半定制化椅子。特别是椅背的部分，我们考虑把背部的靠枕设计成顾客可自由选择的形式，让顾客更加舒适地度过这段时间。

另外一个方案是设计扶手可收回来并且可叠起来收纳的椅子。不用的时候收纳起来，可以给理发店腾出更多可供自由使用的空间。扶手可折叠的构造还有一个好处——非常便于老年人或使用轮椅的人坐。

Concept 1 顾客定制化&灵活性

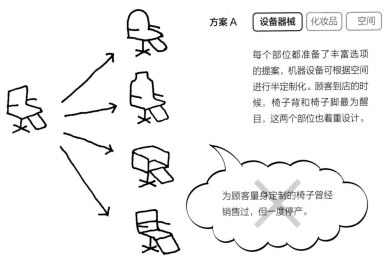

方案 A **设备器械** 化妆品 空间

每个部位都准备了丰富选项的提案，机器设备可根据空间进行半定制化。顾客到店的时候，椅子背和椅子脚最为醒目，这两个部位也着重设计。

为顾客量身定制的椅子曾经销售过，但一度停产。

Concept 1 顾客定制化＆灵活性

方案 B 设备器械 化妆品 空间

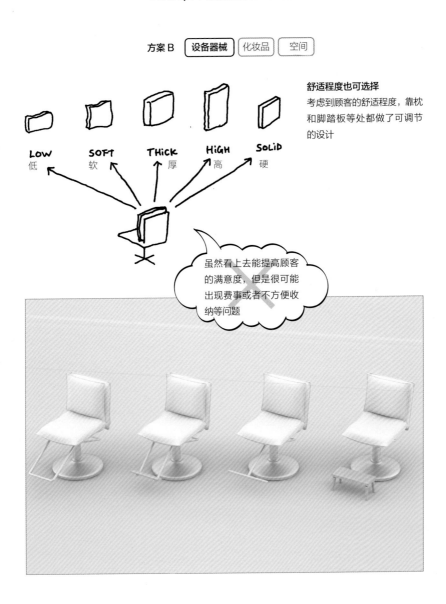

舒适程度也可选择
考虑到顾客的舒适程度，靠枕
和脚踏板等处都做了可调节
的设计

LOW SOFT THICK HIGH SOLID
低　　软　　厚　　高　　硬

虽然看上去能提高顾客
的满意度，但是很可能
出现费事或者不方便收
纳等问题

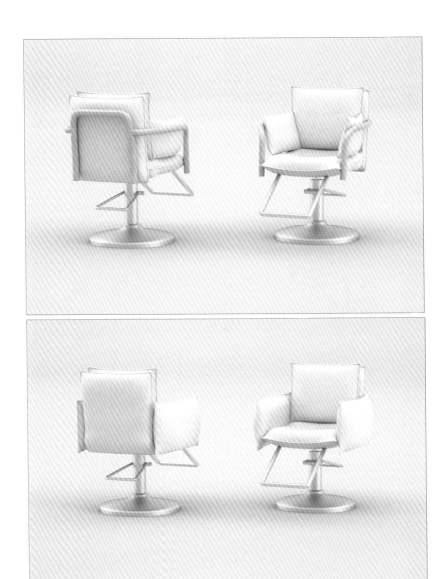

Concept 1 顾客定制化&灵活性

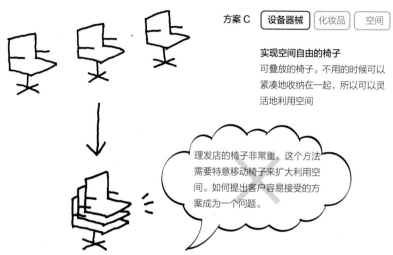

方案 C   [设备器械] [化妆品] [空间]

实现空间自由的椅子

可叠放的椅子。不用的时候可以
紧凑地收纳在一起，所以可以灵
活地利用空间

理发店的椅子非常重，这个方法
需要特意移动椅子来扩大利用空
间。如何提出客户容易接受的方
案成为一个问题。

2100

1200

紧凑地堆叠在一起后，可有效利用空间。

化妆品也进行定制化

如果化妆品也引入客户定制化的概念会怎样呢？是否可以让理发师发挥特有的高超交流技能，利用与顾客相处的2个小时，进行化妆品定制？

其中一个案例是利用与顾客理发履历相关联的电子产品为其进行发质诊断，调配适合每个顾客的洗发露、头部护理液、造型剂等。如果配合补品为顾客做一个内外结合的全套推荐，一定可以增强与客户的联系，确保顾客光顾的次数。

此外，从空间的角度可以进行两种提案。第一，与刚才提到的可叠放椅子相结合。顾客少的时段不会给人以"空闲"的印象，顾客可以非常轻松悠闲地度过美好时光，当顾客多的时候就可以多摆放一些椅子供大家坐。这样一来，空间的利用会更加灵活。第二，能否设计一个像酒吧一样的角落，让刚才那些可定制的化妆品看起来更具有吸引力？

我们提倡的是一种针对每个顾客进行定制化的全新服务。而且，如果顾客看到理发店为了自己陈列了各种各样的东西时，应该会更加频繁地光顾这家店。因此，为了解决这两个问题，我提出了其他的概念。

Concept 1 顾客定制化&灵活性

方案 A 〔设备器械〕 〔化妆品〕 〔空间〕

专属自己的化妆品①
是否可以让造型师在店里与顾客长时间对话的
时候，提议可定制化的化妆品？

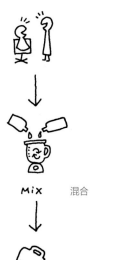

1 咨询

按照药品法规定，店铺内调配
的化妆品无法销售。因此只能
与已有商品组合销售，操作方
法较为受限。

MIX 混合

2 **根据每个人的身体状况和发质、发型，调**
   配洗发露、护理液、造型剂

ORIGINAL 独创的

3 **店内使用或者顾客购买**

EXPERIENCE
体验

PURCHASE
购买

Concept 1　顾客定制化&灵活性

方案 B　设备器械　化妆品　空间

专属自己的化妆品②
可定制的化妆品提案。顾客可根据喜好选择不
同香味、功能的基础液。

> 与方案 A 一样不符合药
> 品法规定，店铺内调配
> 的化妆品无法销售

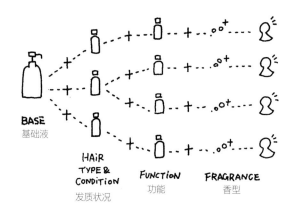

BASE
基础液

HAIR TYPE & CONDITION
发质状况

FUNCTION
功能

FRAGRANCE
香型

Concept 1　顾客定制化&灵活性

方案 C　设备器械　化妆品　空间

通过补品实现内外美容
是否可以将头部护理和补品相
结合，实现"内外美容"？积
极引入健康管理或抗衰老等不
受潮流影响的要素。

> 已经有很多理发店
> 在售卖补品

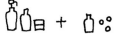

COSME
化妆品

SuPPLi
补品

Concept 1 顾客定制化&灵活性

方案 A [设备器械] [化妆品] [**空间**]

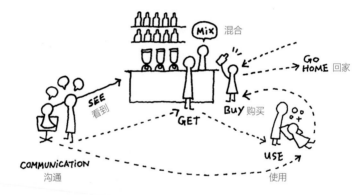

突出"吧台"的空间

效仿果汁或冰沙柜台,打造陈列可定制化妆品的"吧台",通过空间布置来"突出"吧台。兼具接待及咨询区域的功能。

Concept 1 顾客定制化&灵活性

方案 B 设备器械 化妆品 **空间**

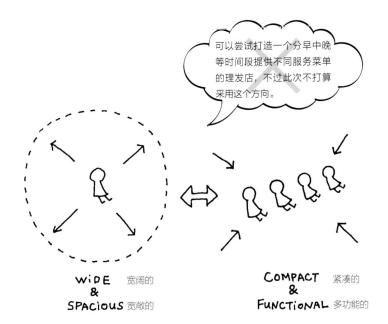

WIDE & SPACIOUS 宽阔的 宽敞的

COMPACT & FUNCTIONAL 紧凑的 多功能的

可以尝试打造一个分早中晚等时间段提供不同服务菜单的理发店，不过此次不打算采用这个方向。

随时间变化的空间
根据理发店中午和傍晚、工作日和休息日等顾客数量相差悬殊这一特性进行空间设计。顾客少的时候可以享受舒适宽敞的空间。为了不让顾客看起来很闲，让顾客感到"舒适"，需要在设计上下点功夫，或者设计成能以其他形式利用的空间。繁忙时需要有效地配置座椅，适当增加座椅的数量。

Concept 2　提高交流的活跃度 ————————————

第二个主题是打造"提高交流活跃度的理发店"。似乎有很多理发师认为理发的两小时里不能留任何空隙，所以拼命地找话题和顾客交谈。在人才培训的时候最困难的课题就是培养交流技能，是否可以在人才培养上加一些设计？另外，把理发店的环境改造成更加便于交流的环境，是不是也能帮助理发师开拓新的服务？针对这两方面，我们也做了提案。

虽然一个人去理发店很正常，但是如果可以和朋友、恋人或者父母、孩子一起的话，加上工作人员就有三个人以上了，大家一起聊天的话，势必会更加活跃吧？

于是，我设计了可以将两把椅子合二为一的椅子。一个可以使用刚才介绍的"定制化"椅子，另一个可以用更为轻便的椅子。

为了灵活应对超过两个人一起光顾的顾客，我们还提议采取活用隔断空间的方案。另外，可以准备一些市面上销售的化妆品，放在可以当场试用的"化妆车"上。这样，工作人员能够察言观色地以顾客的眼光和顾客共同挑选产品，就像用推车把甜点准备齐全一起拿到顾客面前，让顾客选择喜欢的东西一样。

Concept 2 提高交流的活跃度

方案 A 〔设备器械〕 化妆品 空间

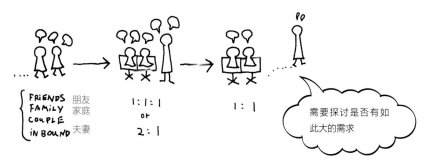

连起来可以让亲朋好友坐在一起的椅子
避免顾客与员工不停地进行1对1对话。两个人以上（朋友、情侣、亲子等）
光顾店铺的时候，这种设计可以增加交流的活跃度。店员无法应对的时候，顾
客之间可以互相交流。这个方法还能帮助不擅长接触老年人或者不善于一对一
交流的员工减轻心理抵触

Concept 2 提高交流的活跃度

不容易想到的轻便型设计。只要能验证坐上去很舒服便可尝试。

方案 B　　设备器械　化妆品　空间　　　与方案 A 同一理念的不同设计

————————— **Concept 2 提高交流的活跃度** —————————

方案 C 　[设备器械]　[化妆品]　[空间]

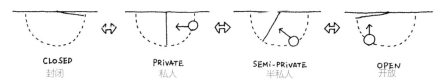

CLOSED 封闭　　**PRIVATE** 私人　　**SEMI-PRIVATE** 半私人　　**OPEN** 开放

可调节私人空间的旋转式镜子

旋转式镜子＆椅子组合。通过改变镜子的角度，可调节空间的开放程度，便于
调整私人空间与公共空间。

关键在于
是否简单可变

————————— **Concept 2 提高交流的活跃度** —————————

方案 D 　[设备器械]　[化妆品]　[空间]

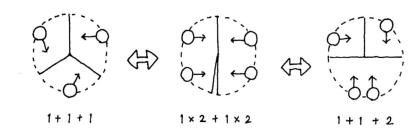

1 + 1 + 1　　　**1 × 2 + 1 × 2**　　　**1 + 1 + 2**

旋转式镜子升级版

与 C 概念相同。能够根据顾客之间的关系，把空间分隔开或者整体开放，可进
行自由分区。

Concept 2 提高交流的活跃度

方案 A　设备器械　**化妆品**　空间

已经有理发店在做同样的尝试。设计能有多大的魅力是这个方案的关键所在

用推荐化妆品的化妆车，减少"销售"的感觉

在"化妆车"上放上包含市面上畅销产品在内的各种化妆品。由于洗头发的时候可以试用，所以便于比较。"试用"的同时，双方可以站在消费者的角度进行交流，店员可以在毫不勉强的交流过程中销售商品。另外，也可以把取样数据运用到商品开发或者营销活动中

—————— **Concept 2 提高交流的活跃度** ——————

方案 B ［设备器械］ ［化妆品］ ［空间］

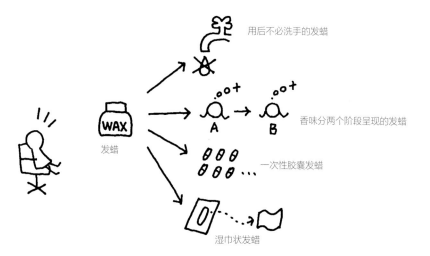

顾客体验后可以更加了解产品的价值，商品开发的时候优先考虑使用体验

—— **Concept 2 提高交流的活跃度** ——

方案 A 设备器械 化妆品 **空间**   **旋转式镜子的空间设计**
基于设备器械方案 C 的
空间设计

ROTATING SPACE.
旋转空间

———— Concept 2 提高交流的活跃度 ————

方案 B 设备器械 化妆品 **空间**   **咖啡馆风格的空间设计**
模仿咖啡馆中间放一张
桌子的形式，将椅子摆
放成便于交流的样子

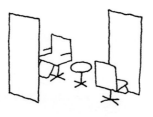

CAFE STYLE
咖啡馆风格

Concept 2 提高交流的活跃度

方案 C　　[设备器械]　[化妆品]　**[空间]**

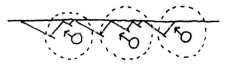

SEMi-PRiVATE SPACE
半隐私空间

半隐私空间

通过与墙面摆放成不同的角度，打造一个半封闭包间的
空间，这样就不必在意对面的镜子照到自己

Concept 3　时间的再设计及网络化 ─────────────

第三个理念可以说更接近于对商业模式的提案。该创意探究的是有没有理发店愿意把自己擅长的领域特殊化，只为顾客提供专门的服务。

目前为止，理发店提供剪发、护理、染发、头部 SPA 等综合性服务。但是，服务综合性也直接导致了所有理发店无法体现出自己的特征，理发店往往比较难于应对单一的需求，而且顾客也会顾虑"今天只想做个护理，但是不剪发的话好像不太好"。换句话说，根据以往的模式，顾客几乎只能接受整体性的服务。但是，随着生活节奏的加快，大家越来越没时间去理发店。我以这个假说为基础提出了以下概念。

服务专门化

在此，每家理发店都可以作为专门店，根据自己的特性为顾客提供服务，在自己擅长的领域磨炼自己。例如，擅长剪发的造型师开一家只剪头发的店铺，擅长做护理或者头部 SPA 的也是一样，精通某项技术的专项人员可以开一家能把自己的技术特殊化的店铺。根据这种"高单价、专门店化"的想法，我们展开了提案。

如果理发店能在短时间内只提供高品质的专门服务，顾客便能在少许的空闲时间里轻轻松松接受自己满意的理发服务。对于理发店而言，既能制定一个与自己技术特长相符的价格，又能获得较高的周转量。如果这个概念能够实现的话，前面所说的三个问题之中，来店周期变长和确保优秀人才这两个问题便能顺利解决。

这个方案里涉及的家具是面向专门剪发店的高脚凳，所追求的优势便是在确认发型的同时观察全身的比例。我们想要设计既可以成为普通椅子又可以变成高脚凳的椅子，这种构造的灵感来自对饮食行业的调查以及借鉴北欧人为了防止久坐影响血液循环偶尔站着工作的工作方式。这种构造让顾客基本上可以坐下，只在最后造型的时候变成高脚凳。

从"时间轴"考虑的话，在化妆品方面可以设置前面所述的重视新鲜程度的"会坏的"洗发露。化妆品用完之时，便是下次预约的最佳时机，这也有望成为吸引回头客的诱因，起到很好的集客效果。

Concept 3 时间的再设计及网络化

方案A 〔设备器械〕 〔化妆品〕 〔空间〕

可以站着做造型的椅子

这种椅子可以让顾客用倚靠或轻坐的姿势剪发时，一边确认全身平衡一边理发、做造型。可以节省并有效利用空间

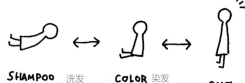

SHAMPOO HEAD MASSAGE 洗发 头部按摩 ↔ COLOR PERM CUT 染发 烫发 剪发 ↔ CUT STYLING 造型

 LOUNGE 躺椅

 CHAIR 椅子

 HIGH·STOOL 高脚凳

快速剪发应该会很适合

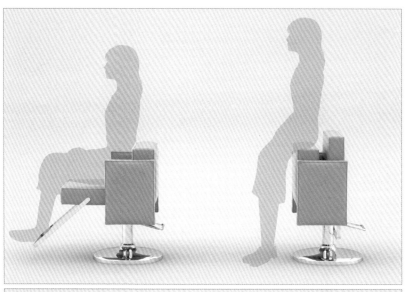

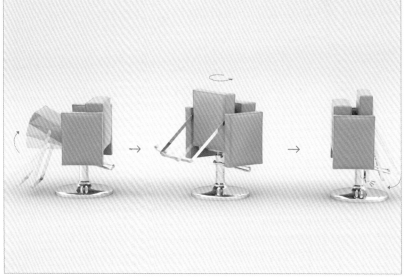

Concept 3 时间的再设计及网络化

方案 A 设备器械 **化妆品** 空间

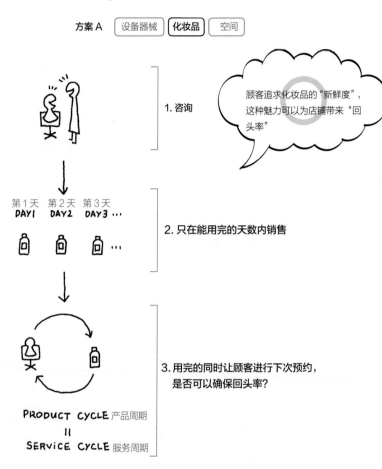

1. 咨询

> 顾客追求化妆品的"新鲜度"，这种魅力可以为店铺带来"回头率"

第1天 第2天 第3天
DAY1 DAY2 DAY3 …

2. 只在能用完的天数内销售

3. 用完的同时让顾客进行下次预约，是否可以确保回头率？

PRODUCT CYCLE 产品周期
=
SERVICE CYCLE 服务周期

以新鲜度为卖点的洗发露

让顾客强烈感受到新鲜度的"会坏的"化妆品。采取每次都能用完的少量单独包装，不添加防腐剂，冷藏保存。从直观上追求无添加、天然。

Concept 3　时间的再设计及网络化

方案 A　设备器械　化妆品　空间

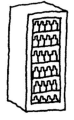

以冰箱为主要元素进行店面设计，这个创意较为新颖，设计得好的话，应该会很有魅力

≒ WINE CELLAR? 酒窖？
DISPLAY CASE? 陈列柜？

保持化妆品新鲜度的冰箱
活用化妆品方案 A 的化妆品"冰箱"进行空间设计。重点强调象征"新鲜程度"的空间

Concept 3 时间的再设计及网络化

方案 B 设备器械 化妆品 **空间**

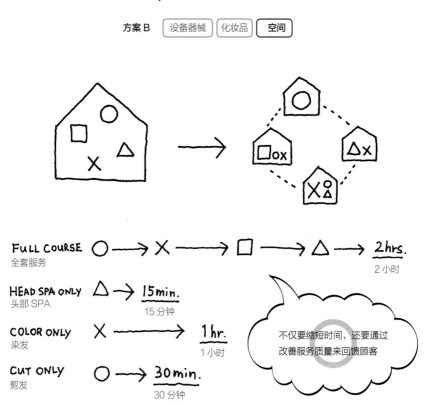

高单价单项功能专门店
只提供剪发或护理等单项服务的高单价专门店。店员可精进自己所擅长的
技术，对于人员培养及积极性提高有很卓著的效果。通过店铺之间共享客
户信息，加强合作，保证顾客无论去哪家店都能享受到同样的服务

Concept 3　时间的再设计及网络化

商业模式提案

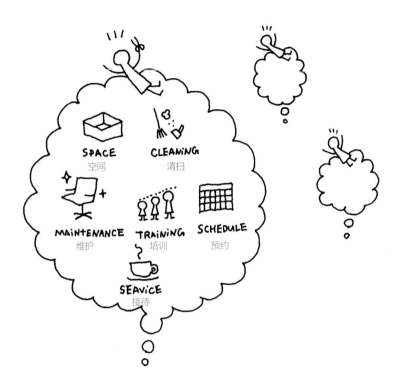

店铺运营外包

理发店是一个并非提供"硬件",而是专注于提供"软件"的场所。面向针对性强的理发店开拓平台业务。例如,提供物品管理及各种维护、清扫、员工教育与管理、接待业务、预约管理等服务,让理发店专注于提高顾客满意度。

站在消费者的角度整合理念

　　向客户提出具体且完成度可预见的设计时，我比较注重提案的态度。这次宝贝蒙的项目中，我认为设计的过程中，椅子会成为重点。只要椅子定下来，空间的形象便会固定下来，与之相匹配的服务及化妆品的呈现方式也会顺势定下来。而且，椅子与人有密切的关系，所以在安全性、舒适性、操作性以及开发容易程度等方面有很严格的制约条件。为了事先排除负面因素，我们进行了慎重的议论。

　　基于前面所述的三个理念，我们用尽可能具体直观的资料对设计进行了提案。大家立即展开了非常活跃的讨论。这种设计的靠背太厚了，剪长发不太容易；椅子升降的时候应该很容易夹到手吧……集思广益后，我们收集了许多看法和需要改善的地方。

　　另一方面，也出现了一些意见，说这些是"以前想都没想过的椅子设计"。也有人热心地议论道"以前在短时间内剪头发，只会给人一种很便宜的印象，购买时间与技术的概念非常新颖"。我们吸取各类观点的同时，不断对方案做了改进。

对于每种声音，我们都会及时直接地做出好或不好的反应，无论这些意见是负面的还是积极的，都有必要冷静下来重新整理一次。随后制定优先顺序，落实到设计上。大家的意见可以说是"磨刀石""砂纸"一样的东西，用它们仔细打磨、指导设计方案，才能得到闪闪发光的方案。

如果在草案阶段就去提案，很多地方都得依靠客户自己发挥想象力去理解。当然有一些优秀的经营者仅看分镜或草图，就能判断这个视频或者设计是否能很好地发挥作用，可是要达到这个程度，往往需要对方有相当的经验。根据以往的经验来看，会出现越来越多疏忽掉的地方，演变成"原本不该如此"的事态。

我希望能够改善方案的具体性，达到让客户站在高于制作者的高度、以"第一用户"的身份为方案而兴奋或惊讶等效果。再直白点说，倘若客户说"这样用的话，我十分想尝试！"而不是给出"我想让客户这样使用"的评价，对于我来说，就是提案成功的最佳信号！

收到我们的方案后，宝贝蒙也给我们提了很多想法。例如他们建议把"时间"和"顾客定制化"的想法组合起来，或许可以打造出早中晚业务形态完全不同的理发店，等等。在我们抛砖引玉之下，宝贝蒙也以他们数年积攒下来的丰富经验和宝贵知识，与我们一同碰撞出了很多的创意火花。

在多次沟通之中，讨论不断发展深化。但是，这次的项目只有为时不到半年的时间，马上需要进入收尾阶段。

在这里，获得最高评价的椅子就是83页的框架结构。客户称赞这个是宝贝蒙以往从未尝试过的设计。不过这个设计面临着几个课题，例如可否改善椅子升降、旋转的结构，久坐是否舒服？只要把这几个课题解决掉，便会以这种椅子为中心，进行化妆品及空间的整体设计。

在商业模式的想法上，大家对86页提到的"高单价、专门店化"的理念评价也非常高。如果有这样的理发店，年轻员工只要潜心于磨炼自己擅长的技术即可，所以可以进行行之有效的技术教育。倘若以高单价的形式提供专业的服务，也能带动市场的扩大化和活跃化。那么，这样的机制该如何实现？

首先，要设计可以让顾客接受的交流方式，向消费者传达高单价、专门店化这种行业形态的魅力所在。

于是，我们从消费者的角度重新思考了如何传达这种方式的益处。如果站在制作方的立场，就很难切实体会到消费者的心情，理解消费者的心理。所以，我往往喜欢站在消费者的角度，直观地理解、共享他们的诉求，并尝试用图表或图画的形式把他们的心情表现出来。下一页的笔记用的便是这种方式，描绘了过去到现在理发店到店频率的变迁以及到店频率与每一代人的审美意识有什么关联。

把人的情绪简易地表现出来

和以前相比，理发店的利用频率正在逐渐降低。去理发店的频率降低，是不是说明每代人对于"美"的标准正在降低？我提出了一个假说：从整个世界来看，人们对于理发及美发的新鲜感正在流失。

每次去理发店都要花上两三个小时。忙碌的现代人越来越难抽出一整块时间，对于他们来说，理发店不再是一个可以轻轻松松就去的地方。如果街上到处设置一些只能剪发、只能护理或者只能染发的专门店，那么顾客就可以在想去的时候随时到店。而且，每次的时长只需要30分钟左右。倘若这种轻松的方式能够实现，顾客来店的频率会不会增加？例如三周一次？去得越频繁的人，越能长期保持美丽的状态！这个提案的目的就是改善整个世界的消费模式。

"约会前""开会演讲之前打打气"等，在任何小活动之前，都可以轻松前往。如果各家门店可以联网共享顾客的信息，那么顾客无论去哪家店，都能剪出自己满意的发型，毕竟这家店的理发师在这方面拥有高超的技术。当然，想换新发型的时候也可以与理发师商量。我用更加清晰的图解方式把这个理念勾勒了出来。

以上浮现出来的新型服务的关键词是"新鲜度"。这种模式的核心在于为了保持美的新鲜程度，每三周去30分钟左右。我把这个品牌命名为"3/30"，并对理发店的经营模式以及与之匹配的空间、机器、

用笔记绘制理发店"高单价、专门化"为消费者带来哪些好处

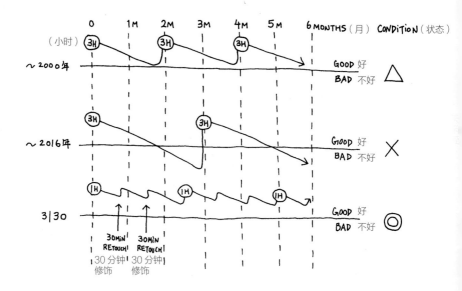

① 時間を分散（TIME MANAGEMENT）
① 分散时间（TIME MANAGEMENT）

② 常にベストな状態を維持　　→　高附加值
② 长期维持最佳状态

把消费者体验图表化

站在消费者的角度，将过去、现在以及今后的理发店利用情况图表化。用两个坐标轴总结理发店的到店频率下降后，人们在美的方面会发生怎样的变化？

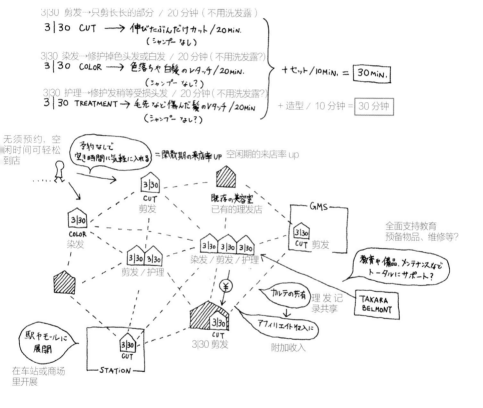

3|30 剪发→只剪长长的部分 / 20分钟（不用洗发露）

3|30 CUT ⟶ 伸びたぶんだけカット /20MiN.
（シャンプー なし）

3|30 染发→修护掉色头发或白发 / 20分钟（不用洗发露?）

3|30 COLOR ⟶ 色落ちや白髪のレタッチ/20MiN.
（シャンプー なし?）

3|30 护理→修护发梢等受损头发 / 20分钟（不用洗发露?）

3|30 TREATMENT ⟶ 毛先など傷んだ髪のレタッチ /20MiN.
（シャンプー なし?）

+ セット /10MiN. = 30MiN.

+ 造型 / 10 分钟 = 30 分钟

无须预约，空闲时间可轻松到店

予約なしで空き時間に気軽に入れる = 閑散期の来店率UP

空闲期的来店率 up

3|30 CUT 剪发

既存の美容室 已有的理发店

GMS

3|30 CUT 剪发

全面支持教育预备物品、维修等?

教育や備品、メンテナンスなど トータルにサポート?

3|30 COLOR 染发

3|30 3|30 剪发 / 护理

3|30 3|30 3|30 染发 / 剪发 / 护理

¥

カルテの共有

理发记录共享

TAKARA BELMONT

3|30 CUT 3|30 剪发

アフィリエイト収入に

附加收入

駅やモールに展開

在车站或商场里开展

3|30 CUT STATION

商业展开图

这幅图表示了只执行剪发或染发等单一功能的专门店实行网络化之后，能实现怎样的利用体验化妆品进行了整体性的设计提案。3/30 里的椅子采用的是提案中评价最高的设计。正是因为不用长时间坐，所以这种轻便型的椅子设计才能成为现实。

就空间而言，例如为了能在美食广场或车站等地方开店，我们提议沿袭椅子的框架构造、开设立方结构的小型店铺。为了让"新鲜度"成为象征性标志，化妆品可以保存在冰箱里。通过给椅子和化妆品做同样设计，让购买化妆品的消费者回家后也能意识到 3/30 这个品牌。我们在树立品牌形象方面做了全方位的考量。

"高单价、专门店化"这个想法原本就是解决"来店周期变长、利益缩减"及"留住优秀人才"这两大问题的创意。但是，通过结合各种创意，站在消费者的角度上进行完善，让消费者"到哪里都能轻松享受同等水准的服务"，使得我们的创意最终成长为解决第 3 个问题——"创造新型服务"的优秀提案。

在解决复杂问题的时候，想出能够一下子解决很多课题的点子并不是一件简单的事情。所以，我们首先把注意力集中在两个课题，想了许多创意去攻克这两个课题。然后经过细细的品味，在产出大量废弃方案的同时，将创意与创意结合起来，达到相辅相成的效果。借此，不知不觉之中也演变出了把几个问题串联起来全面攻克的方案和设计。

活用废弃方案的程序① 【图层型】

这次宝贝蒙的情形采用了活用废弃案例的体系，也就是所谓的"图层型"。这种方法在横跨多种事业的新型业务开发项目上很有效

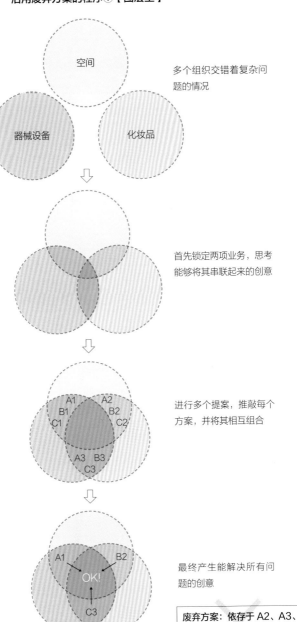

多个组织交错着复杂问题的情况

首先锁定两项业务，思考能够将其串联起来的创意

进行多个提案，推敲每个方案，并将其相互组合

最终产生能解决所有问题的创意

废弃方案：依存于 A2、A3、B1、B3、C1、C2 的全案

品牌 Logo 方案

总结了 3/30 概念的草图。考察基于这个理念，可以为宝贝蒙的各项业务解决什么问题

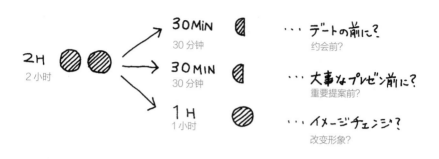

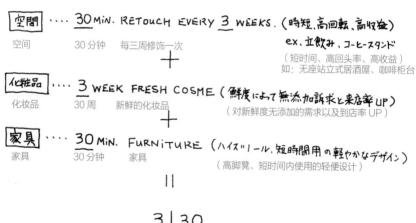

基于之前的讨论，我们提出了"3 周 1 次，30 分钟让你变美丽，让自己永保新鲜"的理发店理念。品牌名称定为"3/30"

3/30
THREE THIRTY

店舗ロゴ
店铺 LOGO

3/30
THREE THIRTY
cut

3/30
THREE THIRTY
color

3/30
THREE THIRTY
treatment

椅子、家具的完成型

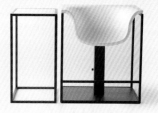

根据备受好评的椅子设计，凳子、镜子、书架、推车等所有设计都采取统一风格
（98 页到 103 页的照片：吉田明广）

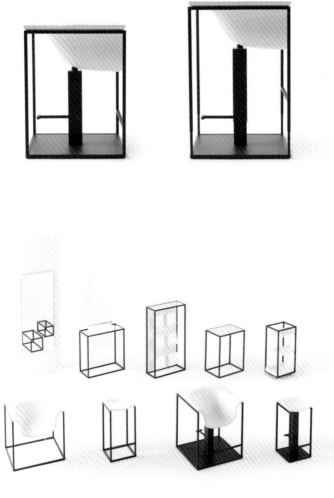

化妆品的设计完成型

化妆品的设计也采取椅子设计所用的基调。右页下方为化妆品用的冰箱

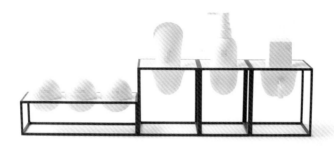

化妆品的设计完成型

对只提供单功能的小单元型店铺也做了提案

第三章

培养废弃方案

ボツ案
を育てる

促使良性循环发生的设计

为了创造备受人们喜爱的优质品牌，品牌需要用心去设计与用户相关的所有触点，建立信赖关系，促进企业成长的良性循环。例如，我们想象一下消费者购买某个商品的场景。在这个场景中，各种各样的品牌都与消费者存在触点。首先，我们要对顾客与企业的广告宣传或店铺里陈列的商品之间的邂逅进行设计。刺激顾客购买时或者拆包装时的兴奋感也非常重要。当然也要考虑商品本身是否好用，使用后赞誉有加的高感性价值对于一件商品也极其必要。

如果对用户通过商品体验到的所有部分都加以设计，用户就会逐渐喜欢上这个品牌，变成品牌的粉丝。假设进一步引导用户对品牌的其他商品产生兴趣，并且提供同样的客户体验，粉丝定然会更加忠实于品牌。要想做好品牌建设，很有必要打造这样的循环。

对餐饮店、服务行业来说，从内部装修到工作服、再到餐具等所有舞台装置进行整理，员工会产生比顾客更加浓厚的自豪感。只要能激发出这种自豪感，就能直接关联到高品质服务，让来店的顾客更加享受。

在合适的场所进行适当的设计，品牌价值便能大幅提升，催生出良性循环。我们一直致力于解决这个问题。近期遇到的工作里，早稻田大学橄榄球部（以下简称为早大橄榄球部）的品牌设计就属于这个范畴。

改变团队意识，让队伍变得更强

日本"全国大学橄榄球大赛"是为了让各所大学争夺日本橄榄球冠军所设的赛事，早大橄榄球部最后一次夺冠是在 2009 年 1 月。但是，随后就被帝京大学 7 连冠，早大相距优胜越来越远。

2018 年，早大橄榄球部将迎来 100 周年，在此之前，决心夺回冠军宝座。于是，2016 年 2 月，起用了曾经在该部担任主讲并夺得日本第一的山下大悟为新的主教练。制定了新方针以后，团队踏上了重生之路。

山下主教练首先着手"活用软实力从外向内让队伍的情绪高涨起来。"也就是为队伍进行品牌宣传。2015 年 12 月，尚未就任的山下主教练亲自来到我们公司，希望我们作为品牌宣传的合作伙伴一起工作。

当时，我们的目的是通过设计来进行品牌建设，从而达到两个良性循环。一个是内在品牌建设。首先，为了向选手、工作人员、教练简单明了地传达队伍的方向和战略，我们在设计上面下了很多功夫。这样，每个成员都能明确自己该做什么，队伍便会团结起来。而团结所带来的胜利又会反过来增加团队的信心，从而进一步夯实团队的方向。如此一来，或许就能够形成一个良好循环。

而另外一个良性循环是指对外创造魅力的连锁效应。向粉丝们简洁地传达团队战术及团队色彩的同时，让大家更充分地享受比赛。越多的粉丝来观看比赛，越能获得更多捐款或周边收入来作为强化团队的资金，每个选手得到的投资便会越多。在这种方式的作用下，团队势必会成长，比赛也会更加好看，粉丝才能越来越多……

事实上，早大橄榄球部每年的预算只有数千万日元。兄弟学校或竞争大学的橄榄球部据说有早大数十倍的预算。虽说是业余团队，但无论是教练在内的工作人员的费用，还是用于投资训练设备的费用等，要想在与众多大学的体育赛事中获胜，宽裕的资金保障不可或缺。

所以，我们除了强化团队以外，还需要请老校友们为首的粉丝和赞助商们给予更多的关心与爱戴，不断完善捐款等支援体制。可以说，打造团队魅力是与强化团队直接相关的重要命题。

对我来说，我的工作是实现内部及外部的两个循环，并对所有可能成为"起点"的触点加以设计。队服、训练场、应援周边产品乃至团队口号和网站等等，都是交流的重要环节。为了让选手更强大，并以此吸引更多粉丝，必须为选手和粉丝们目所能及之处赋予魅力。其中，促进两大循环产生的最重要的起点便是"队服设计"。

为胜利而设计的队服

我们面临着两大任务：可促进内部团结的内部品牌建设及俘获粉丝的外部品牌宣传。为了同时解决这两大命题，我们决定设计统一的队服。队服一定要具备穿上就能变强的功能性以及让选手看上去更富有魅力的娱乐性。

在确定设计效果以前，我们收集了各国代表及专业联队的队服，对它们的功能性做了研究。通过考察，我们注意到了几个细节。例如队服大多采用便于活动、防止边角被对方拉扯的合身材料等。除此之外，我们还仔细研究了"如何让赛场上的选手显得更强"。

这就需要在设计的时候注重人的肌肉走向及肌肉量。早大橄榄球部的传统颜色是红黑色，我们根据选手的体型，把膨胀效果明显的深红色和收缩效果明显的黑色重新进行了配置（第115页）。设计的时候，参考铠甲的设计，重点用膨胀色强调肩部。这样，也能在无形之中给对手一种压迫感。

那么，娱乐性该如何设计呢？除了让选手看起来更强，我们也下了很大功夫让选手的动作或比赛看起来更有魅力。在比赛商业化盛行的美国运动界，队服也是提升比赛魅力的要素之一。而在日本的运动界，似乎队服的功能并没有渗透到这种地步。

什么样的队服才能让运动场上选手的动作更有魅力？为了验证这一

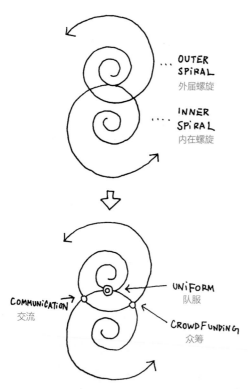

OUTER SPiRAL
外届螺旋

INNER SPiRAL
内在螺旋

COMMUNiCATiON
交流

UNiFORM
队服

CROWDFUNDING
众筹

促进良好循环的设计
通过设计队服、口号、众筹等多个起点，
同步促进团队内品牌建设及对外品牌建设
两大循环的产生

点，我们连续看了非常多的比赛视频，全神贯注地观察选手的动作（第 114 页）。我们发现，橄榄球争球的时候，肩膀和胳膊抱着球奔跑时，腋部周围等"身体侧面看上去最具魅力"。由于选手基本上以前届的姿势奔跑，所以在实际比赛中，队服正面基本上很难看见。就此，我们意识到了一个很重要的地方：篮球、足球等运动，队服的露出方式完全不相同。

结合大量调查，我们最终做出来的队服与以往深红色和黑色条纹平均分配的二次元设计完全不同。我们对选手的身材进行了调查，针对身材做了合适的设计。而且，还沿着身体的线条嵌入条纹，采用了看似在身体上直接彩绘的设计开发手法。我们思考的不是单纯的图像设计，而是以制作三次元产品的感觉来完成设计。

废弃方案也是宝藏

在设计队服的时候，当然也出现了大量的废弃方案。事实上，除去结合选手的身体线条进行颜色配置的方案以外，还有各种各样的设计。例如，是不是可以用左右对称的条纹设计？为了结合早稻田大学"W"主题，我们和山下主教练讨论过几个方案，比如设计线条是 W 形状的条纹等。方案 B 和方案 C 一度被毙掉了，但是通过刚才所述的调查得出"把设计重点放在两侧"的结果后，我们又把这两个方案和调查结果相结合，尝试做了方案 D 的设计，当两个人站到一起的时候，侧面的 V 线条会呈现 W 的形状。结果，这个方案由于左右不对称的 V 字站在一起会影响平衡而未采用。但是，在这个方案的启发之下，有了现在全员站在一起两侧 V 字连成 W 的设计。

让废弃方案成长

山下主教练跟我分享以后的团队战术是我想出这个创意的契机。他说，"今后的目标是让队伍拥有像斩不断的'锁链'般坚固的防守系统。

面对一个对手，要确保有两个人来应付。"于是，在寻找进一步加强选手之间的连带感的创意时，我们从废弃方案之中找到了解决方案。

即使是一开始方向性不同、出发角度各异的方案，在经过调查和询问之后，也会发生多个方案互相关联，发展成长为更强大的方案的情况。甚至，这个方案可能最终成长为代表团队理念的设计。一度舍弃的东西里，也隐藏着巨大的宝藏。我时常带着这种意识，斟酌能否把大量的方案活用起来。

在设计背部球员号码的时候，也是用这种组合废弃方案的方式来获取灵感。如何让队员们看起来更强，球员编号怎样可以被别人清楚地看见，怎样才能突出传统的感觉？我们参考了其他的竞技比赛，用各种手段做了多款设计，并在每个字体里都融入了更符合早稻田大学气质的元素。

甄选背部编号字体的时候，我和山下主教练一起讨论了很多个方案。建议使用"在文字镶边处添加过去夺冠年份"的字体的同时，也在方案中尽可能地映射了很多其他创意。

如大家所见，队服的完成版设计与以往的条纹状大不相同。山下主教练和周围的工作人员称赞这个设计是"超乎想象的成果"，而且幸运的是，大学里的相关人员和往届毕业生都对改变传统条纹状的设计给予了很大的支持和理解。毫不夸张地说，是山下主教练的强烈愿望让这个设计成为了现实。

这次设计队服的时候，山下主教练说过"传统很重要，但是要想夺取胜利，不能固守传统，要进化。为此，我们不惜变化！"但是，"要变化"这种话谁都会说。到底多大程度上想追求变革呢？说实话，开始设计的时候，我也无法预测山下教练的意愿有多强烈。

所以，我提的队服方案采取了循序渐进的方式，以挑战程度逐步进阶的方案与山下主教练进行了讨论。对于山下主教练、教练、工作人员，这其实是"检验思想"或者测量"思想准备程度"的一个过程。

作为一所传统高校，"真正有多大程度想改变？"，这是一个很深刻的命题。在确认各位负责人对变革的思想准备程度上，队服的废弃方案就像测试酸碱度的石蕊试纸一样，起到了关键性的作用。而山下主教练选择的是最具挑战性的方案。能做到这种程度，足见必胜和不退缩的思想准备及决心。明确了山下主教练的强烈决心后，队伍的方向性也就变得清晰了起来。当然，这份决心也传达给了其他工作人员、选手、粉丝以及我们这些设计师。大家齐心协力，组成了磐石般的团队，为变革发挥着重要作用。

或许山下主教练也是在选择队服的设计方案的过程中，坚定了团队必当变革的信念。从这种意义上来说，这次废弃方案可谓是发挥了非常巨大的功效。

总之，产出大量方案是一个前提，早大橄榄球部队服的设计是将很多选项组合在一起产生的。如果把队服设计过程进行分类，可以整理成右页这幅图的形式。逐一分解近乎百年的传统队服所追求的"功能""条纹""继承传统的元素"等要素，随后抽取有利于胜利或者使选手看起来更有魅力的必要元素进行重新组合，然后再从各大要素中决定该选择哪个、抛弃哪个。这几个过程都能明显反映出选择设计的人的力量和个性，而这几个过程我们可以称之为废弃方案活用过程。

废弃方案活用过程②【树形】

对早大橄榄球部的传统队服追求的要素进行分解。根据每个要素思考多个创意，再对创意进行筛选及重新组合，这就是所谓的"树形"法

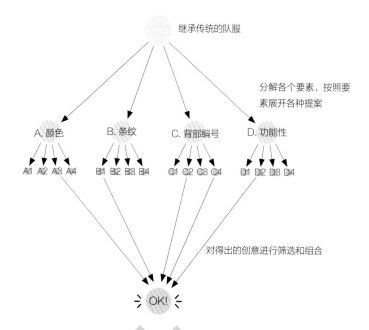

继承传统的队服

分解各个要素，按照要素展开各种提案

A. 颜色　　B. 条纹　　C. 背部编号　　D. 功能性

A1 A2 A3 A4　B1 B2 B3 B4　C1 C2 C3 C4　D1 D2 D8 D4

对得出的创意进行筛选和组合

OK!

废弃方案：A1、A2、A4、B2、B3、B4、C1、C3、D1、D3、D4

为设计所展开的研究

1. 倾听山下大悟主教练的想法

确认队伍的方向性

· 关键词是"队伍防守"。不是个人力量防守,而是整个队伍要像锁链一样进行联动式防守,最优先确立防守方式

· 另一个关键词是"焕然一新"。通过把以前的兼职教练改为全职教练等,对团队组织体制在内的各方面进行改造

2. 调查其他队伍、其他竞技项目的队服

分析各国代表队或联队的队服设计有什么寓意

3. 看比赛视频,详细调查赛场状况

一边观察选手,一边考察什么样的动作才是比赛的关键。经过观察发现,对于橄榄球来说,观众基本上只能看到侧面部分。通过改变这个部分的设计,能够让比赛更具有魅力

(照片:aflo.spor)

争球、擒抱、抱球奔跑的动作等、
"腋下~腰部"的印象度高

スクラム、タックル、ボールを持って走る動作等、
「脇~腰」の印象度(高)
⇩
意識したデザインによって
動作をより魅力的に
通过有意识的设计,
让动作更有魅力

対峙する相手を威嚇する要素として
「肩」の印象度(高)
与对手对峙时,威慑
对方的要素中,"肩部"
的印象度高

前後だけでなく側面も意識したデザイン
· グラフィック(2D) ✗   · 图像(2D)✗
· プロダクト(3D) ○   · 产品(3D)√

通过有意识的设计,让动作更有魅力
除了前后,还要意识侧面的设计

4.身体线条的研究

为了让选手的身体看上去更具魅力，根据线条嵌入花色和模样

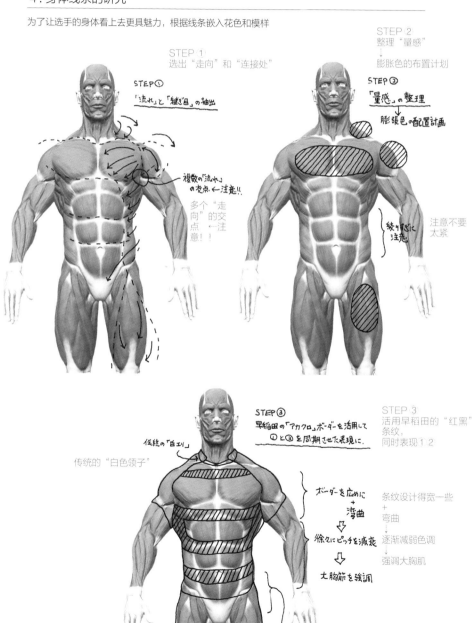

STEP 1
选出"走向"和"连接处"

STEP①
「流れ」と「継ぎ目」の抽出

複数の「流れ」
の交点 ←注意!!

多个"走向"的交点 ←注意!!

STEP 2
整理"量感"

膨胀色的布置计划

STEP②
「量感」の整理

膨張色の配置計画

絞りすぎに注意

注意不要太紧

STEP③
早稲田の「アカクロ」ボーダーを活用して
①と③を同期させた表現に.

伝統の「白エリ」

传统的"白色领子"

ボーダーを広めに
＋
弯曲
⇩
徐々にピッチを減衰
⇩
大胸筋を強調

ボーダーの「流れ」を
パンツにも連続

STEP 3
活用早稻田的"红黑"条纹，
同时表现1 2

条纹设计得宽一些
＋
弯曲
⇩
逐渐减弱色调
⇩
强调大胸肌

条纹的"走向"连续到短裤

设计制作

调查的同时，从 3 个方向探讨了队服的设计

A 基本的设计方案

将传统的宽松轮廓变更
为贴合身体的功能性强
的运动服

基本设计

B 非对称设计

身体看上去有点
歪，不予采用

在探究 B 和 C 两种

设计方案时，

想到了一个点子

C 采用早稻田 "W" 主题的设计

全部采用 W 主题的话，
没能很好地整合设计

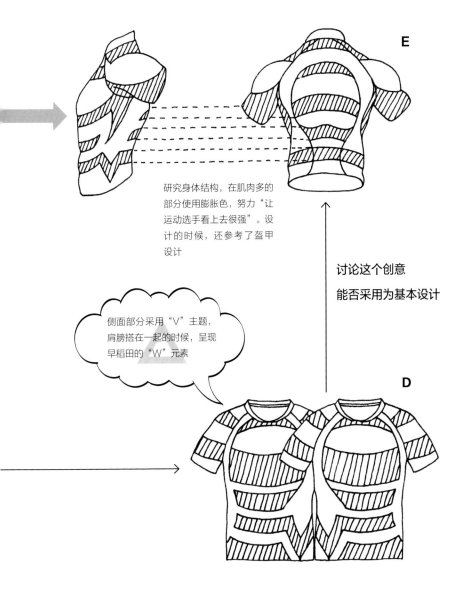

研究身体结构，在肌肉多的部分使用膨胀色，努力"让运动选手看上去很强"。设计的时候，还参考了盔甲设计

E

讨论这个创意
能否采用为基本设计

侧面部分采用"V"主题，肩膀搭在一起的时候，呈现早稻田的"W"元素

D

队服完成的过程

设计方案完成后，根据选手的实际体型进行多次调整，以求合身

试做

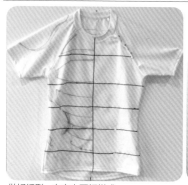

做好纸型，在布上画好样式

试穿

请选手实际试穿，
检验观看效果

修正

直接在试做的样图
上进行修改

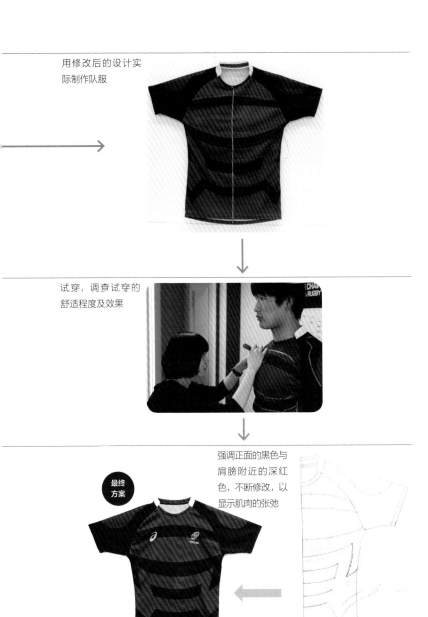

用修改后的设计实
际制作队服

试穿，调查试穿的
舒适程度及效果

强调正面的黑色与
肩膀附近的深红
色，不断修改，以
显示肌肉的张弛

最终
方案

001

背部编号的设计方案

加上字体的变化，做了将近 30 种设计

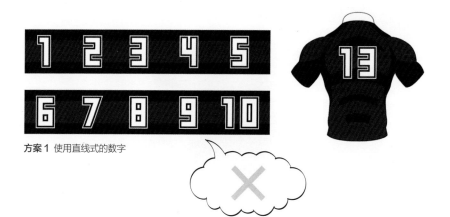

方案 1 使用直线式的数字

方案 2 四角加入 "W" 主题

把这个采用为基本设计

使用早稻田的 "W"
营造气势和背部的 "张力感"

方案 3 数字的部分区域采用右上走向的斜线加以切割

どの背番号も「23」が背景に
＝
レギュラーの人数
＝
全員一丸となる
プレースタイルを表現

每个数字都以"23"为背景
＝
常规人数
＝
表现出全员团结的比赛风格

方案 4 背景用黑色文字加入"23"

团队全员团结一致的想法，启发我
们在领子内侧加上了"15 连之锁"

背部编号的设计方案

加上字体的变化，做了将近 30 种设计

方案 5 黑色边缘加入以前的优胜年份（下面为扩大图）

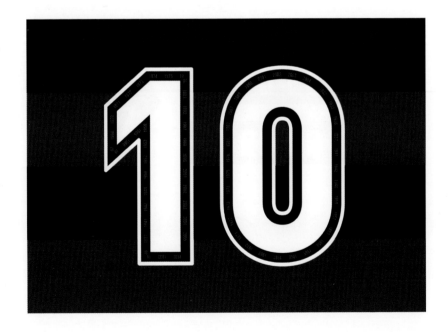

是否可以用圆润的字体达到
数字从条纹上"浮现"出来
的效果

方案6 加入早稻田的象征——稻穗符号并重点强调

重点强调"稻穗"

"稻穗"在以前的徽章
和防滑硅橡胶上使用过

方案7 使用有传统感的字体

能否感觉到传统感是一
个视觉认可的课题

最终调整

背部编号的最终设计

把各种各样的创意融合
成1个方案

尺寸也通过试穿进行了调整

背部编号是让选手看上去更强大的一个重要因素。但是，太大的话，选手就会显得很小。最终的尺寸
和安排需要选手一起进行探讨

左边是新型的队服，右边为旧队服。新版条纹与旧版条纹相差较大 （照片：吉田明广）

早稻田大学橄榄球部的新队服

将废弃方案中得到的很多创意融合在一起，完成了充满想法与信息传达的设计

口号"BE THE CHAIN"
+
印上"15 连之锁"
↑
赛场上的选手人数

ラグランスリーブにして
動きやすく

做成插肩袖，
方便运动

スローガン「BE THE CHAIN」
+
「15連の鎖」をプリント
↑
フィールド上の選手数

シリコンラバー
プリントで
グリップ力 ↗

硅橡胶设计让抓力提高

スクラムや整列時に
「W」が浮かび上がる

争球和站队时可显现出"W"

完成品

※ 调整条纹的宽度、角度、弧度＋部分分离
＝
1. 身体看上去更大
2. 比赛看起来更有魅力

※ ボーダーの幅、角度、カーブを
調整＋部分的に切り離す
＝
1、身体が大きく
2、プレーが魅力的に見える

※ 特殊繊維によって
1.軽量化 2.フィット性 3.耐摩擦強度増

※ 利用特殊纤维

1. 轻量化
2. 适合度增加
3. 耐摩擦强度增大

計測用GPS
格納
容纳计量用 GPS

過去の優勝年
をプリント

印上过去的获胜年

「W」を使った
フォント

使用 "W" 字体

（照片：吉田明广）

—————————————— 完成品 ——————————————

第二备选运动服（中）与第三运动服（右）。第二运动服采用锁链式模样，直接表现队伍的口号。
从中，我们也能看出来山下主教练对于队伍战术的想法以及改变队伍的决心

（照片：吉田明广）

创意相互结合以后会变得更强

濒临废弃的小创意与其他创意联系在一起，会变成大的创意，甚至有时候能够撼动整个组织。早大橄榄球部的品牌宣传项目就让我深切体会到了这一点。

以"连锁式防守"为目标这句话给我们带来了很大的灵感，在此基础上我们将 V 字放在了队服的两侧。选手把肩膀搭在一起的时候，V 连在一起形成"W"文字，这个创意继续成长，成为对于这个团队不可或缺的思想，极大地改变了工作人员及选手们的意识。这也开启了内在品牌建设的良好循环，而结合团队口号的构想则是加速这一循环的契机。

语言与设计的相乘效果

山下大悟主教练抱着极强的信念意欲改变队伍。感受到这种信念后，我深觉这次的项目除了队服以外，还要以更多的形式将这种信念传递给大家。所以，我想请文案方面的专家一起想一个口号，把山下主教练的想法直截了当地表达出来。在这个需求上，曾经经手过千叶乐天海军陆战队 [1] 海报的文案设计师渡边润平给了我们很大协助。

[1]　千叶海军陆战队：日本千叶县棒球队名。

我考虑到在橄榄球队正式开展活动之际，应该需要一句决定方向性的口号。为了让渡边先生尽可能地了解山下教练的想法，我在项目开始没多久就请他一起参加会议。

渡边先生调查了各种各样的运动队口号，并探究了队伍与口号之间的关系性。他发现，优秀的口号大多可以表现队伍以什么样的形式追求胜利以及想让粉丝看到什么样的态度。而且，优秀的口号也与团队的比赛方式直接相关。拿职业棒球来说，1990 年代末期，凭借连续集中打取得大量得分的横滨 baystars[1]（现在的横滨 DeNA baystars）的"机关枪打线"口号就是很好的例子。日本女排的"3D 排球"亦然如此。

让左脑、右脑、肌肤共同体验

一个偶然的机会，正在想标语的渡边关注到了山下教练所说的"打造坚不可摧的'锁链'式强力防守系统"。渡边也以"锁链"为关键词，把团队的意愿、战术、对未来的期待整合成了一句话。

最终的口号定为"BE THE CHAIN"。同时，渡边还对这句话的做了延展性说明，派生出"CHAIN TO GAIN"的口号。这句话表达

[1] 横滨 baystars：日本职业棒球队之一。1950 年创立，2011 年母公司让渡至 DeNA，更名为横滨 DeNA baystars。

了选手、工作人员、粉丝在内的所有相关人员之间的关系，表现了大家团结一致，争取更多胜利的决心，即使进步再小，也不会停下前进的步伐。

运动界里，主教练和教练说出的话可以成为巨大的力量，鼓励选手，促进选手成长，或者决定团队的战略战术，帮助选手指点迷津……我和渡边在这些语句的基础上努力制作了视频和海报，以期将其用到队伍内外的交流过程中。除了视觉途径，团队也用语言增加了很强的说服力，提高了品牌宣传效果。确定口号之后，设计的队服拥有了更加重要的意义。

用"BE THE CHAIN"这句话传达团队理念，可以让人通过"左脑"了解其中的逻辑，而视频和图像效果则可以调动人们"右脑"的图像理解能力。而且，穿上体现团队理念的队服后，可以用"肌肤"强化感受。

我至今都认为在企业品牌宣传以及商品开发的时候，"要想传达品牌理念，就得尽可能多地设置与消费者的接触点"。此次早大橄榄球部的内部品牌建设从某种意义上来看应该可以说是增加触点的终极形式。因为选手把团队的理念穿在身上的时候，也在用自己的全身心理解和感受。

而从外部看见 BE THE CHAIN 这句口号的球迷们也能切身体会到选手们身上体现出来的团队理念，并从他们身上感受到前所未有的团结以及对于团队的热爱。通过设计队服与口号这两种手段，选手与观众之间建立起了更加紧密的联系。

因"没有废弃方案"而感到不安

渡边先生告诉我口号只有"BE THE CHAIN"一句话,这当然就意味着没有其他的候选方案。尽管我也觉得这就是最精彩的提案,没有被否掉的可能性。但是只有这一句话,还是有一些担心。

迄今为止,我向客户提方案的时候会提很多创意。这其中是有一定原因的。面对多个方案纠结选哪个或者不断讨论,势必会导致选择的一方放弃某些方案。但是通过这个过程选出唯一的方案时,可以更好地"把这个方案变成自己的东西"。从这一点上来说,提多个方案是很重要的一个方式。

突然把唯一的完成品交给客户后,客户能不能完全消化成自己的语言?怀着这份担忧,我请山下教练先记下这句口号,并跟他说"希望您考虑下这句话"。这样就给他留出了足够的时间。我不希望山下教练觉得这句话是别人强加给自己的,而是让他仔细咀嚼这句话,直到变成自己可以完全接受的语言。

最终,山下教练在这句口号的基础上,还为我们加了一些对于口号的解释。"早稻田的橄榄球从现在开始,涅槃重生。扔掉迷茫,做好准备。亲手夺回自己的品牌"。山下教练从中强烈感受到了重生的意味,并用自己的语言给出了一连串的口号。在设计队服以后,山下教练对于变革的思想准备再一次得到了体现。

之后，我们向选手们初次公开口号和队服。我对在座的所有人说了这样的话："设计不仅仅是外在打扮的问题。有使用的人和环境之后，设计才能成为更好的东西。我尽最大的努力完成了我的工作，这件队服属于最棒的设计还是最差的设计，接下来就看大家的了！"

山下教练很好地利用了这句话，我们提案的一系列设计彻底为团队赢取胜利发挥了作用。

为了让选手们更充分地感觉到"联结"，并且更直观地体会防守意识，早大橄榄球队把集合的信号改成了"CHAIN"这个词，而且还特意从建材中心调来真的锁链，让所有队员拿着锁链锻炼如何保持彼此之间的距离等等。通过类似的努力，可以充分让选手们在平时的练习当中意识到口号中"锁链"的意义。

山下主教练要求选手们无论练习还是平时都要穿队服，并叮嘱选手们他们一直被大家所期待等，他相信形象和设计的力量，也在以最大限度利用着这份力量。或许正是因为山下教练卓越的领导能力，这次早稻田大学橄榄球队的品牌建设，才能在设计上产生前所未有的巨大变化。

现在距离山下教练来找我还不到一年，我相信今后将见证到真正的成果。而且，队伍已经发生了明显的变化，目前正在以刚入学的大一新生为中心蓬勃发展。在赛场上。经常能听到"今年的队伍很有意思"的声音。设计可以提高人们的士气及组织的凝聚力，并且吸引更多粉丝。

但是这种设计能力不仅限于运动领域。在商业领域中，设计也能作为实现内部品牌建设以及外部品牌树立这两大良好循环的手段充分发挥作用。

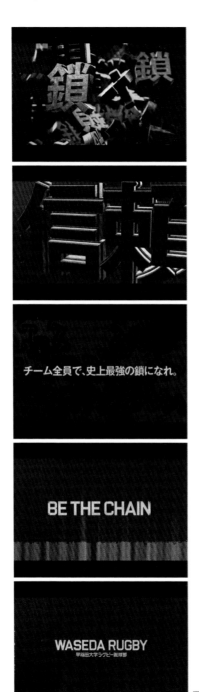

用视频表现渡边润平
强有力的文案

做口号提案时使用的卡片
文案设计师渡边润平向山下主教练做口号的
提案时所用的资料。纸上写好句子，提案的
时候像拉洋片一样逐页展示

口号应该是怎样的一句话？需要起到什么作用？

把团队的意志力凝聚在一起的话

象征团队战斗方法的话

鼓舞每个队员的话

让粉丝、老校友在内的所有人抱有期待的话

这些要素都需要包含在内

而且这句话应该通过比赛体现

"前进""机关枪打线""性感足球""三角进攻""FLAT THREE""3D 排球"

也就是说，需要一句"概念"性的话

一句渗透了团队主义，并通过比赛来表现的话；与其说是概念，更像是团队意志的升华；这才是我们诉求的广告语

在思考时代感和山下主教练的存在感时，我觉得用一句可以让人感受到智慧的话效果会更好（人们对团队创新的期待更大）

山下主教练的话里面，有一个词启发了我

锁

将口号呈现在视觉图上

团队口号的海报视觉图。有意识地强调鼓舞团队和粉丝的强大力量

（P140 页到 P141 页的照片：名儿耶洋）

佐藤与山下主教练开会的样子

穿队服的样子

（照片：清水 健）

从商业机制开始策划

这次早大橄榄球部的品牌建设中，我们的任务并不仅仅是提高选手的士气强化队伍。对于业余运动的团队来说，在建立与粉丝和赞助商之间的关系时，设计也是一个不可或缺的途径。而另外一个重要的措施就是重新建立捐款机制。

设计新型资金调配机制

要想变强大就需要花钱，业余运动也是如此。选手们的营养管理、去外地比赛的费用、联系设备的费用等。为了夺回日本第一的位置，改善训练环境非常重要。但是正如刚才提到的，早大橄榄球部的预算每年只有数千万日元，仅占其他竞争大学的几分之一。

以往的预算体制主要以部员缴纳的会费以及从早稻田大学整个运动部的捐款里分到的钱为中心。

服装的赞助商是ASICS亚瑟士，选手宿舍的食堂运营是共立维修公司负责，营养辅助食品由江崎格力高供应，主食米饭"新之助"来自新潟县……这些日常所需均由赞助商供应。

为了进一步改善这种状况，我们对机制也做了全新的提案。尽管大学橄榄球已经拥有大量的粉丝，但是应该还有很多人希望能够更好地享受这项运动。有了这个想法后，我们向早大橄榄球部建议不能仅仅依赖部门老队员以及赞助商的力量，要积极建立新的社区，借助众筹来建立全新的资金周转手段。

设置粉丝喜爱的内容

实际上，我们和主营众筹业务的 music securities 公司共同运营有"finan=sense."业务，主要以金融和设计为各大企业提供支援。拥有标新立异技术的企业与我们一起开发商品，而商品开发及销售所需的资金通过众筹来筹集。

如果这次的案例也能采用收益回报式的众筹机制的话，一定能吸引来完全不同于单纯捐赠的广大群体的援助。如果我们为给予支持的粉丝们设置一些内容，让他们更尽情地享受，相信一定可以筹集到更多资金。

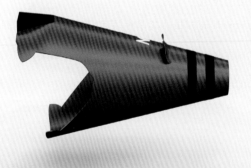

改善赠品设计

为参加众筹的人提供感谢赠品。

改善赠品设计

为参加众筹的人提供感谢赠品。木雕的熊主题玩偶、马克杯、队服复制品等。左页是第二弹赠品羽绒服（上）和扩音器（下）

这次，最花心思的是语言表达。在日本，捐款不是身边常有的事情，甚至还有负面印象。而且，很多人对这种所谓业余活动筹钱非常反感。为了尽可能得到更多人的支持，而且让大家更容易接受，我们与早大橄榄球部、music securities 公司对措辞进行了多次讨论。

例如官网上跳转到众筹活动页面的诱导文案不能出现"捐赠"的字眼，而是用"参加 BE THE CHAIN PARTNER FUND 项目"的表达方式。这也是为了强化该活动"为粉丝及老队员为早大橄榄球部提供资金方面的支持，共同打造热情高涨的粉丝俱乐部"的良好印象。

这句话的另一个替代方案是用"支持"这个字眼，但是这个词太过暧昧，不容易让人联想到需要资金援助，故最终没有采用。而且跳转到资金募集页面的时候，可能会产生违和感等。在这些细微的地方，我们也慎重地进行了用户体验分析。

设计可以一起享受的体验

第一次众筹的目标额度是 1000 万日元，众筹时间为 2016 年 4 月到 7 月的三个月之内。类别从 5000 日元到 50 万日元不等，多个等级赠送的周边产品均由 nendo 负责设计。

我们设置了马克杯、木雕熊主题的玩偶、队服复制品等礼物。在产品设计方面，添加了很多激发粉丝和队员们团结、奋进的元素。早稻田大学的创始人大隈重信的名字用日语读作"KUMA"，与熊（日语读KUMA）的发音一样，所以选择设计熊玩偶，并使用传统的深红与黑色的条纹花样。我们给这只熊取名为"Hungry Bear"（饥饿熊），这只熊口中含着竞争大学运动服上的鲑鱼，代表"对胜利的饥饿""吞掉竞争对手"。

运动服复制品的背部编号统一为"24"。橄榄球部的队服编号到23号为止，24是从23以后数的第一个号码。效仿足球"第12号选手"，寓意着"所有支持团队的人都是第24号选手"。

今后要进一步探讨的是回馈粉丝的服务。比如，我们探讨了为观看比赛时拿着马克杯等产品的粉丝免费提供暖宝宝或饮料等。在赛场上给参与众筹的粉丝们准备一些特别的体验，针对服务的部分进行设计。很幸运的是，第一次众筹顺利完成了目标金额。第二次、第三次该如何进行，我们今后也会继续开展讨论。

山下主教练说"首要目的是让粉丝们亲自来看比赛。希望众筹能成为我们与粉丝和老队员们加深感情的一个契机"。今后我将通过设计与粉丝共同的体验，继续探讨如何设计与粉丝之间的交流。

四

复苏的废弃方案

蘇る
ボツ案

废弃自我

nendo 本着在任何领域都能通过设计发挥作用的态度，迄今为止经手了各种项目。但是，无论是产品设计还是空间设计，几乎所有的工作重心都在外形上。通过对外形的设计，我们积累了很多与品牌宣传有关的成功案例。不过，现在我们接到的委托当中，希望单纯靠 CI 与广告表现进行品牌宣传的客户越来越多。

其中，IHI 公司就向我们提出希望"提升企业形象"、以广告为主进行品牌宣传。IHI 完全是从事 B to B 业务的老牌企业，他们并没有经过广告代理公司，而是直接来找我们谈。所以，受到他们的委托时，我感到非常吃惊。

IHI 是代表日本的重工业企业。但是，自从 2007 年将企业名称从"石川岛播磨重工业"变更为"IHI"以后，企业的知名度受到了一定的影响。最棘手的问题是确保新员工（招聘）的数量。更名后，学生们对于 IHI 的认知度大幅下降。

不仅在招聘活动上如此，员工的家人也是一样的情况。听说很多孩子都"不知道爸爸的公司是做什么的"。如果公司继续深陷这样的境遇下，一定难于提高员工的积极性。所以，IHI打算明确地宣传IHI的业务范畴，以提升自己的企业形象。

IHI希望我们"从具体该做什么这一点开始一起思考"。这对于设计师来说，着实是一个既有趣又充满意义的项目。

于是，在着手设计之前，我先和IHI开了多次会议，讨论如何开展品牌宣传。不仅对企业状况进行了深入了解，还针对采用什么手段推进等进行了调查和讨论。

自己的工作也要积极废弃

不出所料，我们讨论的中心落在了企业Logo上。IHI的logo有一种坚硬厚重的感觉。而且企业象征色是蓝色，这种颜色让人联想到银行等稳重的企业。蓝色给人以信赖感和安心感，但是相反也容易缺少趣味及亲近感。于是，我们讨论了"是否应该把Logo往轻松点的方向调整"，与此同时，也就企业的诉求制定了优先顺序。

我渐渐发现，其实IHI最希望传达的是企业"创造力"。从桥梁、引擎等城市基础设施到各种完成品所需的配件及素材，IHI都有涉及，而且一直致力于研究创造全新的价值。IHI生产的这些东西支撑社会发展至今，我也由衷地感受到IHI的每个人对于企业历史都有一种荣誉感。

为了树立创新形象，将公司名称更换为"IHI"，但是Logo还保留着重工业的形象。无论如何，蓝色都给人一种认真刻板的印象，况且Logo的形象取自H钢（铁架建筑物的钢材），难免会呈现沉重坚固的样子。

那么，在这种情况下应该如何整理改善与大众的交流方式？按照设计师的观点，最好的方式就是替换Logo。毅然决然替换名称或Logo，从根本切断过去的历史，重新建设一切，属于品牌重新塑造上的正面进攻法。事实上，与IHI的同事们开展项目讨论会的过程中，也探讨过如何改变Logo以及如何说服公司改变Logo。

对于大家关注的地方或者觉得可行的地方，我会不断问自己"这个是否有价值"，这样，革新的想法、创意或者具有突破性的力量便会应运而生。这只是我的一个想法，我把它命名为"积极性否定"。

不管对于自己，还是自己想到的创意，设计师都需要秉承"积极性否定"的态度。一定要多问问自己这样做是否可以。IHI 的项目也不例外。

改变企业 Logo 可能会很明快地解决改变企业形象的问题。但是，改变本身是否真的有价值？工作人员是否会因此感到自豪？企业的生产力能否提高？变更后学生们是否就会簇拥而来……

实际上，随着讨论的深入，我慢慢感觉到有的员工一边支持改变 Logo，一边又想肯定以前的自己。大家对企业的根本或 DNA 是怀着骄傲的情绪的。甚至，很珍惜企业迄今为止给予他们的信赖感和安心感。一旦否定 Logo 后，会不会否定掉大家的这种心情？

尽管想要改变，但是也想守护 IHI 的 Logo 所代表的情感。讨论得越多，这种感觉就越发强烈。

废弃自己的创意

起初，我对 Logo 也持有很多否定意见，但是考虑了"真的对员工有利吗"之后，反而觉得是不是先全盘肯定会比较好，包括 Logo 在内。简而言之，我似乎已经"废弃"掉了重新制作 Logo 的想法。

不改变 Logo！在这个前提下，要怎样与大众进行怎样的交流？

围绕这个途径讨论过后，我们定下了两条路径。第一，"从积极的意义上采用推翻重工业形象的交流"。重工业给人以传统的感觉。但是 IHI 涉及的航天等业务充满了先进性和改革性。给世人的印象和实际的业务内容有巨大的差异。那我们可否将计就计，抓住这个特征，用有趣的方式传达给大众？

第二，"在 IHI 三个字母上做文章，缩短品牌与大众之间的距离"。IHI 的制造品并非飞机或汽车，而是其中的部件。就目前的状况来看，对于形象的理解和定位有很大的难度。因此，我们可以用直截了当的方式明确传达 IHI 就在每个人的身边、与大家的生活密切相关。

颠覆以往形象的 5 个方案

这次我们提出了以下几个方案。

一个方案是，展现两种对立的效果。例如，IHI 实际上在用开发喷气式飞机引擎的涂层技术制造菜刀。通过视觉冲击表现两种物品在规模感上的差距，让更多的人对 IHI 的工作产生亲近感。

此外，IHI 曾经尝试过很多风格奇特的实验，例如用海藻制造能源。此外，也有用人造卫星监测农田状态，尝试在太空种水稻等先例。所以，我提案将这些可以切身感受到的做法用极端的对比表现展现出来，通过这种交流方式让大家对 IHI 产生兴趣。

另一个方案是利用 IHI 所涉及的交通工具、重型设备、建筑物，以图画的方式结合"制造""连接"等文字来表现 IHI 与社会和企业的关系。

第三个方案是做一个"假如没有 IHI"系列。现在，桥梁和发动机等都是理所当然存在的技术，但是如果把 IHI 提供的技术去掉之后，会发生什么呢？设置这样的场景实际演示的话，一定会非常恐怖，所以选择用可爱的插图表现。

用超现实的效果吸人眼球，让大家意识到 IHI 的技术原来也能用在这样的地方。

此外，我们也提议把 IHI 的 Logo 做成形象。这个方案的优势在于举办活动等时会更加引人注意，而且还可以赠送玩偶。使用形象更便于活用到招聘现场。提案的时候，我们还做了实际的立体模型。而且，IHI 总公司的一楼有兼备陈列室的博物馆，我们甚至考虑与博物馆联动制作参观券，也直观地做了实际设计。

无论哪个方案，都在呈现 IHI 的"蓝色"印象上做了功夫。

结果这几个方案都被否决了，最终被采用的是完全肯定 Logo 的方案。这个方案是一个叫作 IHI LOGO WORLD 的系列广告活动。广告创意里只使用 IHI 的 Logo 来组成 IHI 所涉及的船舶、飞机、建筑、桥梁、火箭等形象，代表 IHI 的业务范围从陆海空覆盖到宇宙外太空。这个立意得到了全公司的一致肯定。

　　此方案要表达的信息非常简单：世界上很多东西实际上都是IHI制作的。设计中只露出Logo，而且Logo的颜色一概不发生变化。提案之初的广告语是"I Have Innovation"，每个单词的首字母连起来就是"IHI"。这个方案完全贯彻了广告语结合Logo的方针。

　　至于电视广告，整篇都不插入解说。Logo是漫画家逐一移动出来的。众所周知，仅用平面文字很难表现立体动作，这个设计最终的图层数超过了4000个，素材已经爆满，到达了极限状态。在动作设计上，还需要留意IHI Logo的轻便性。单独看IHI的Logo，会有坚固笨重的感觉，通过移动可以180度扭转这种印象。

　　为了强调这个广告所要表达的信息，我们尽可能不使用其他多余的要素，极力做到只用IHI的Logo构图。例如，长方交通广告里添加的文字要素尽可能简略，"生活的进化尽在IHI""100年安全尽在IHI""太空自由尽在IHI"，我们对广告语只做很小范围的添加和改动，尽可能地减少语言的吸引力。

方案A　展现规模感差距的广告

喷气式飞机的引擎与菜刀

两者采用同样的喷漆技术。把两种产品放在一起，表现出 IHI 所涉及业务的规模感以及亲近感。这个广告可以让人们感受到 IHI 与企业和社会的关联性

借助海藻的能量移动船舶

这则广告同样表现了 IHI 的规模感和亲近感之间的巨大差距。此外，还有对比"火箭与大米"的版本

—— 方案 B 利用与 IHI 有关的东西制作广告语 ——

使用重型设备设计文字"作"

把和 IHI 有关的各种机器、建筑堆积起来，化作文字来传达信息

世界の「つなぐ」を、
つないでいます。

IHI主力事業の橋梁や航空機器、
さらに発展するアジアなどの海外事業
海と陸と空をつなぎ、モビリティから始まるIHIが生み出す
新しい価値をつくる
これからも世界をつなぎ、IHIは育てつづける
ひとと未来をつなぐためにすることは何なのかを
技術と信頼の向上内の海外事業を通じて発展させる
まちを興し、ひとからの信頼、技術と信頼
CO2排出量を抑え、地球環境を守り
燃料や電力の効率化する製品や次代大切な仕事

今と未来のあいだに。 **IHI**

使用"连接"（つなぐ）的交通主题
此外，还有设计成"支撑"（支える）等字眼的版本

方案 C "如果没有 IHI"系列

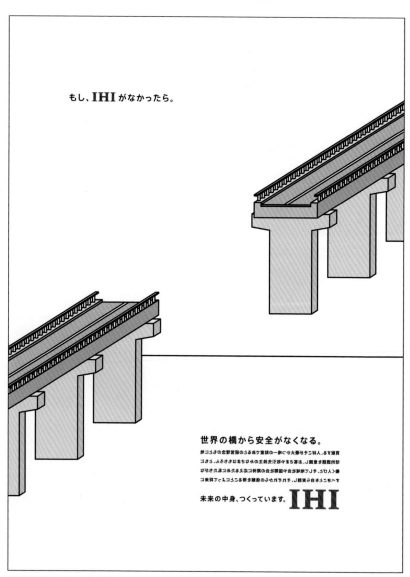

もし、**IHI** がなかったら。

世界の橋から安全がなくなる。

未来の中身、つくっています。**IHI**

用"桥梁"表现 IHI 与社会的关联

用可爱的插图表现如果没有 IHI 的技术，社会将变成什么样子

飞机将无法飞翔

这一系列的方案在后来的招聘活动中被采用

方案 D 用形象增加与大众的接触点

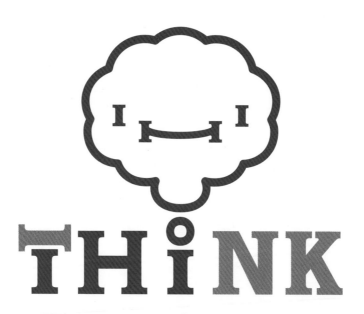

象征"想象力"的形象

IHI 希望把自己的"创造性"传递给大众，该广告用形象角色表现"创造性"。而且，用形象做周边产品会更有吸引力，可以在招聘会等场合使用

让形象变成企业的代言人

除了广告，还能实际制作立体模型

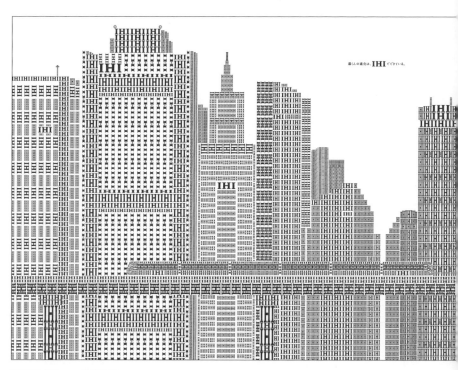

完成形 "IHI LOGO WORLD"

只用 IHI 的 Logo 构成广告

广告张贴在车站里，吸引行人注意

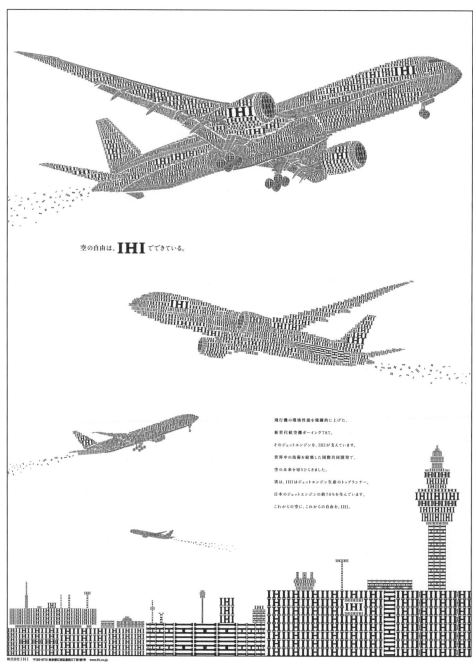

空の自由は、**IHI**でできている。

飛行機の環境性能を飛躍的に上げた、
新世代航空機ボーイング787。
そのジェットエンジンを、IHIが支えています。
世界中の技術を結集した国際共同開発で、
空の未来を切りひらきました。
実は、IHIはジェットエンジン生産のトップランナー。
日本のジェットエンジンの約70%を生んでいます。
これからの空に、これからの自由を。IHI。

日本经济新闻早报连续三天刊登该广告

刊载三个版本，宣传 IHI 广泛的业务内容

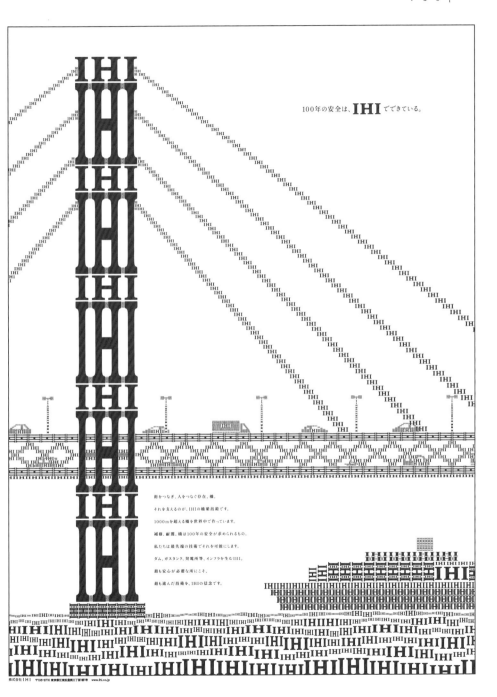

100年の安全は、**IHI** でできている。

街をつなぎ、人をつなぐ存在、橋。

それを支えるのが、IHIの橋梁技術です。

1000mを超える橋を世界中で作っています。

補修、耐震。橋は100年の安全が求められるもの。

私たちは最先端の技術でそれを可能にします。

ダム、ガスタンク、発電所等、インフラを生むIHI。

最も安心が必要な所にこそ、

最も進んだ技術を、IHIの信念です。

株式会社ＩＨＩ　〒135-8710 東京都江東区豊洲三丁目1番1号　www.ihi.co.jp

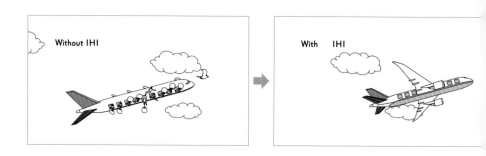

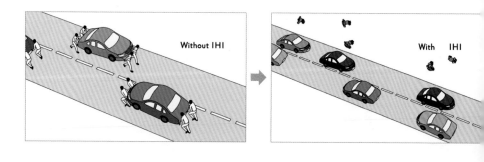

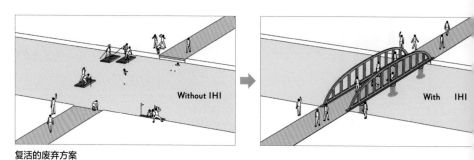

复活的废弃方案

招聘网站使用的动画广告"Without IHI"便是采用了一度被废弃的"如果没有IHI"方案

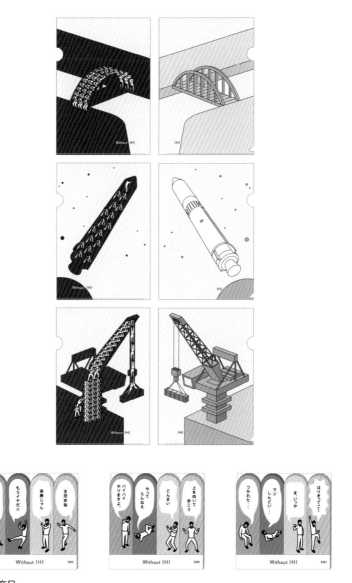

制作商品

为了举办招聘活动，制作了"Without IHI"的纸盒、文件夹、便签等产品

关系不对等，就不能保证全员认真对待

这个方案的负责人都很有干劲，但是在内部审核的时候，有几个部门提出了"是不是应该再加入一些信息？"的意见。这个企划从一开始就打算采用完全肯定 Logo 的理念。如果加入多余的信息，Logo 恐会丧失生命力。模棱两可的创意既不会打动人心，也很难让人产生真正的反应。直到最后，我都在不断坚持自己的观点，"哪怕把我当成坏人，也希望原封不动地通过这个方案。"

我的坚持能够通过，多亏了 IHI 市场部的同事们，他们为了让这个创意面世做了很大的努力。此外，我们策划的一系列活动都是与客户经过真诚平等的讨论后想出来的创意。通过这个项目，我感受到这个团队已经高度团结在了一起。如果没有设计师与客户之间的直率与认真，就不会有如此尖锐的广告表现。

听说公司内对于 IHI LOGO WORLD 反响很不错。而且，在面向学生的企业说明会上，"看过 IHI 广告"的学生很明显地多了起来。

另外，也有和 IHI 并无直接关系的普通消费者为了传达"广告很不错"，特意打电话过来。而且，有的员工还接到了女儿久违的电话说，"看到爸爸公司的广告了"，借此机会与女儿聊了很多。据说以往的企业广告既没有积极反响也没有消极反响，能取得这样的结果，有关人员都非常开心。

2015 年 6 月，IHI LOGO WORLD 的报纸广告获得了"第 68 届广告电通奖"的"报纸广告电通奖"，同年 7 月份，JR 站台交通广告牌夺得"交通广告冠军 2015"的"广告牌部门—最优秀部门奖"。

之前的废弃方案逐一复活

目前，这个广告活动延展到了各个层面，从网页更新到企业日历及 IR（投资者关系）的有关报告书都在这个广告的基础上重新制作。而且，未被采用的废弃方案也在逐渐复活。刚才介绍的"如果没有 IHI"方案展示了没有机翼、没有桥梁的可怕生活。这个方案原本已经被毙掉了，但是后来被再度启用，应用到了"Without IHI"的招聘活动中，每天曝光在大众的视线里。此外，做形象角色提案的时候，我们提及的博物馆参观券这一创意也成了一个很大的契机。目前，IHI 的陈列室正在改装之中。

当我们给客户提案的时候，可以从较大范围以及多个角度进行提案，不能拘泥于图形设计，要积极尝试超越类型。这样才能跟客户长期保存良好的合作关系。我们的输出方式多种多样，从图形到产品、空间、建筑，再到视频，可应对多种输出方式，足以迎接各种挑战。而这些尝试也变成了一个个抽屉，让我不论面对任何要求都能从多个角度进行提案，为解决客户的课题献计献策。

在给客户提交创意的时候，"要求范围扩张型"（见下页）废弃方案活用流程经常让我觉得很不可思议，这次提案就是这样。我曾经为客户提了三种方案，除去完全契合客户要求的正中心方案 A 之外，还加上了与客户要求稍有偏离的方案 B，以及偏离程度较大的方案 C。于是，客户在多个方案的刺激之下，会重新审视原来的要求范围。有的时候，客户会将范围大幅度扩大。这种情况下，是挑战稍微偏离中心一点的方案 B，还是让方案 C 进一步接近既有的市场结构，就要根据讨论与调整的结果决定。有时候，最终的结果是为客户从未设想到的全新市场输送全新的产品，能够获得巨大的挑战成果。不管选择哪个方案，废弃方案都蕴藏着帮客户扩大无限可能性的重要价值。

废弃方案活用流程③【要求范围扩张型】

进行设计提案的时候，除了符合企业要求范围的正中心方案，再分别提出即将超出范围以及完全超出范围的两个方案

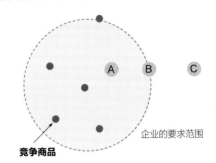

于是，企业的要求范围会逐步扩大，提案的范围有时候也可能更加宽泛。比如把 B 改得更加尖锐一点、把 C 改得再保守一些，或者提一个全新的方案 D，等等，从多个角度寻求更多创新的可能性

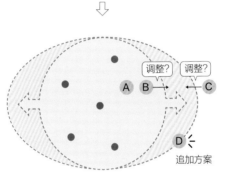

IHI 的情况属于采用了直线球 A 方案，但是客户的视野扩大后，偶尔也会采用截然不同的方案

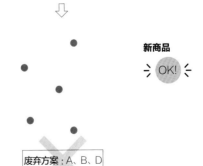

第五章

培养人的废弃方案

人を育てる
ボツ案

废弃方案可以成为改变人心的开关

利用设计进行品牌宣传，与其他咨询项目明显的不同之处在于最终输出的是肉眼可见的形式。目标就在眼前，客户的意识和积极性都有明确的指向愿景相对清晰。在此前提下，经营者、商品开发工作人员、设计师、制作者等项目相关人员可以齐心协力朝着目标共同努力。用设计做品牌宣传大多都是这样的情形。

企业需要不拘泥于业界习惯及常识的外部设计师为他们提出不同寻常的创意及有趣的方案。而我们要时刻叮嘱自己适当抛开客户眼中的常识与情况，从一个完全崭新的视角挑战多样化的制作。

工作现场的人可以在提案的时候就提出"真正想做的事情"。这样一来，公司一定会越来越有活力。

制作旅行箱包的 ACE 公司拥有自己的旗舰品牌"Proteca"，并以此为中心进行商品开发及 CI、广告等品牌宣传活动，我很荣幸地作为统筹这些业务的创意总监参与到他们的工作之中。ACE 在日本国内市场占有率高居首位，目前的基本战略是开拓海外市场，并开发国内的内销需求。

针对这个战略，我认为非常关键的一个因素是多大程度地宣传"日本制造"。

商品的量不足以取胜之时，如果想达到获得市场占有率的目的，应该如何投入战斗？不仅 ACE 公司面临这样的局面，日本的家电和汽车行业也是一样，对于制造的品质十分讲究，并且拥有日本特有的无微不至的设计。因此，我深觉有必要对这些优点进行正确有力的宣传。

设计师扮演小丑的角色

首先，我更新了所有既有商品，尝试改善了可以改善的地方。那时候，我脑海中一直有这样一个念头：带着对制作的执念做"没有人做过"的事情。

我很重视如何创造大量"新手的幸运"。客户是业界的专家，他们一定有一些没有注意到的价值，如果无法挖掘这些价值，设计师就丧失了存在的意义。一边担心"这个想法会不会被毙掉？"，一边想创意的人非常可惜。设计师要勇于打破业界的习惯，给周围带来刺激，甚至有的时候要抱着做个小丑的决心，从各个方向提出自己的创意。

例如，开会的时候我提了一个问题："旅行箱的轮子一般是 4 个或者 2 个，如果改成 3 个的话，会有什么样的优缺点？"尽可能像这样站在事物的上游进行思考。于是，我想出了 182 页之后的创意。

一个方案是让拉链倾斜，制作重合的部分。做一个不管横着还是竖着都能打开的旅行箱怎么样？随后进一步发散思维，思考能否做一个可以从所有方向打开的旅行箱。接着，又想了一个很有挑战性的方案：箱子里面能不能设计得像气囊一样，膨胀的时候能够用空气的力量保护里面的物品？或者能否在轮子和把手上多花点心思，设计一个在飞机限制大小之内尽可能多装东西的超大容量箱子……

或许有人觉得"确实有意思，但是从常理上判断一定会被毙掉"。但是，这种外行人的创意在提案的时候才具有真正的意义。正如刚才所强调的，我们要打破业界的习惯。接下来的任务就是如何让设计师以及负责制造的人们觉得"这个想法未尝不可""努力一下或许就能实现"。

负责生产的人一般只考虑商品本身。所以一旦出现一个契机——身为设计师的我扮演一次小丑，降低创意的门槛，就会有很多创意如雨后春笋般出现。另外，如果出现有趣的创意，公司里的人也会思考"是不是也可以尝试这样那样的事情"等等，大家会涌现出很多有趣的想法。我把这个瞬间视作一个非常重要的"开关"，开关开启后，便会感慨"太好了！大家都进入了一个很不错的模式"！

很多客户长期处于自己的行业里，凭借经验学到了各种"门道"。他们知道"存在这样的风险"，学了某种知识可以有效避免失败。但是，这些风险真的是"问题"吗？我更希望能够对此重新审视。根据理解方法的不同，说不定曾经被视作风险的东西可以变得更有魅力。

营造能够想出创意的企业环境

拿我来说，一个很大的作用就是时常站在外行和消费者的角度思考"是否有价值"，对迄今为止的事物进行价值转换。通过价值转换，公司员工的干劲和意识会发生很大的变化。这样会比单纯生产有格调的东西更有价值，而且也能提高项目成功的概率。

很多创意都能够成为大家鼓起干劲的契机，这其中当然也包括废弃方案。通过这次提案，ACE 的设计师及技术人员之间建立了很好的关系。Proteca 可以做 360 度打开的旅行箱，但是一般情况下"技术上很难实现"，所以这个方案被毙掉了。对此我们并不意外，因为从一开始就做好了不开发新的结构难以满足客户需求的心理准备。不过，ACE

的商品开发人员发现他们可以对拉链的位置稍作调整。所以，只要改变看待事物的方式，事物的价值就能发生很大的变化。在这一点上，我相信我们已经有了同样的感受。

突破一点就能助力品牌成长

就 Proteca 的品牌共同点而言，有没有什么地方重新设计之后能够产生更大的价值？探究这个问题的过程中，我们发现了一个很关键的部位——轮子。很意外的是，没有任何一个品牌在轮子的设计上做过文章。

在箱子上加 Logo 的话，即使只加一个徽章，加在箱体上也需要让一部分凹进去，这会在很大程度上增加成本。但是如果在轮子上增加徽章的话，就不需要那么高的成本。那么，不如就在左下方的轮子上加一个 Logo，作为品牌的身份象征如何呢？对此，森夏宏明社长提出如果要在轮子上突出标志性的话，倒不如全部用公司自行开发的"无声轮"。

这样，人们在"发现旅行箱移动的时候居然没有声音的时候，会注意到全部都是 Proteca"！Proteca 的品牌故事基础已经成型。但是，我们的创意远远不止停留在外形上，还对功能也做了相应的改进。能做到这些完全得益于我们的宗旨——创意伴随着"这么做是不是更好"的想法不断繁衍扩散。紧接着，我们继续贯彻一点突破型的提案，提出把 P 的 Logo 用在所有接触点，森下社长对此也表示赞同。

　　我们工作中经常能遇到围绕一个设计理念设计装饰、包装、空间、广告等各种方案的情况。ACE 就是以 P 的 Logo 标志为中心，开展了一系列的装饰、广告及交流。经过这种"一点突破型"设计过程后，即使废弃方案也能给客户留下深刻的印象，一段时间以后它们很可能还会复活。此外，设计往往会像枝叶一样逐渐壮大，逐渐延伸出全新的项目。

方案 A 让拉链倾斜的旅行箱

设计的重点在于周围与侧面的线条

所有的设计都把重点放在箱体周围及侧面的线条。表现出"绝对保护""完美固定"两大优势

双向主题

将拉链倾斜嵌入，角的部分重合设计。设计成横竖两个方向都能打开的形式

方案 A 让拉链倾斜的旅行箱

在意想不到的地方加上品牌 Logo

在旅行箱 7 点钟的位置加入品牌 Logo，下面的轮子也加上品牌 Logo 加强印象。此外，箱子遇水打湿的时候，轮子留下的痕迹也可以采用代表品牌形象的花样，等等。提案的时候，我们在各个地方都制造了与品牌的接触点

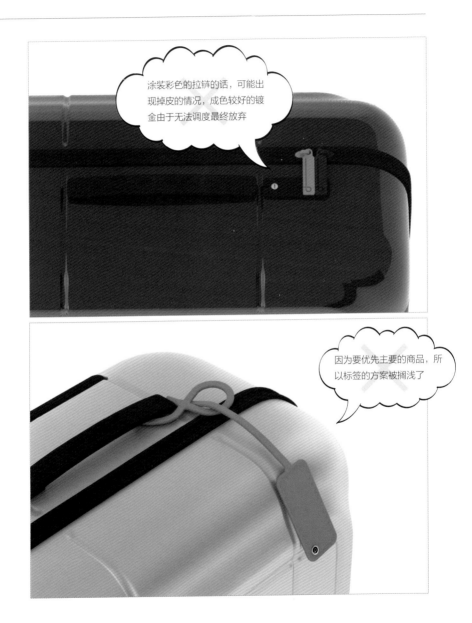

方案 B 内部膨胀的旅行箱

吸入空气后可以保护里面的东西
拉杆根据打气筒的原理设计，通过内部充气的构造，可以保护里面的东西

方案 C 在把手上做功夫，采取顾客定制化服务

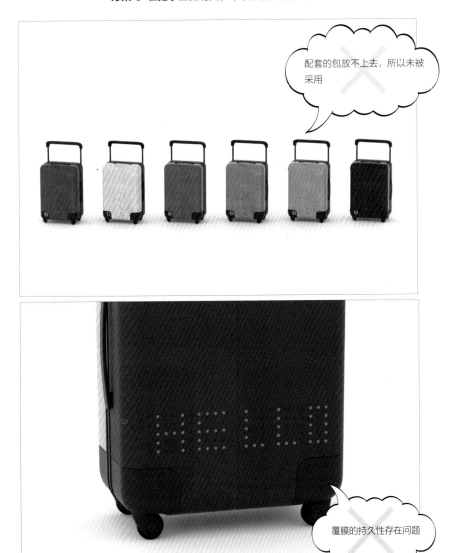

为了提高收纳量，在把手上下功夫并进行特别制作

在把手的位置及增加容量上做文章。设计上可以使用贴纸，便于顾客进行个性化定制

方案 D 容量最大化的旅行箱

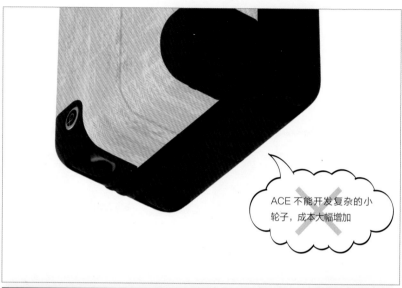

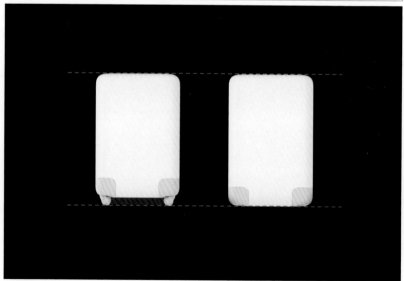

改善把手和轮子，增加容量
为了在飞机允许的尺寸内尽可能地增加容量，改成了可以把轮子收起来的设计

─── **完成形 可以从 4 个方向打开的箱子** ───

> 360° 观察都不会产生变化的
> 螺纹以及初代 ACE 使用的颜
> 色备受好评

> 这个结构最终成为现实

"360"系列

从 4 个方向都可以打开的结构。将 Logo 的"P"标志和十字的螺旋等
融为一体。上面的绿松石蓝和创业之初发售的箱子采用同一个颜色。在
方案 A 的基础上进行生产制作

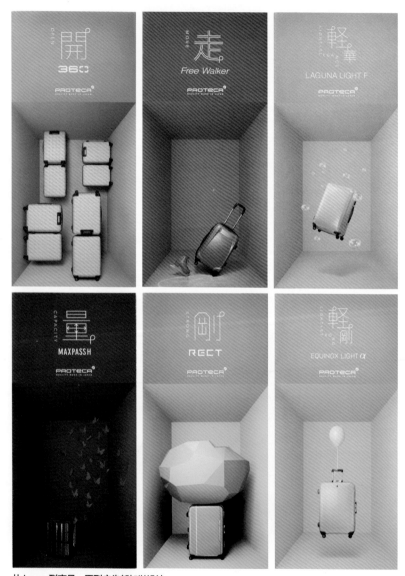

从 Logo 到商品、再到广告都加以设计

我们队 Proteca 系列的商品广告等也做了更新。把旅行箱放入大小统一的箱子里，对箱子里的商品特性进行说明。商品的特征用 1 个或 2 个汉字表现出来，保持商品与大众的交流性

用多种媒体展开"箱子"主题

电视广告、产品发布会上也使用与广告中相同的箱子,对箱子中的产品特性进行说明,以统一的主题提高与大众的交流性。在各种触点开展同一主题,品牌的形象以及想要传递的信息会给人以更加深刻的印象

箱子内侧涂成亚光白，在里面打光

ハコの内側は マットホワイトに仕上げることで、内部に光をまわす

左下の「P」ロゴがキレイに見えるように天面を ツヤ感の強い黒色仕上げに.

为了让左下角的 Logo 清晰可见，上表面设计为光滑感强的黑色

床: 光沢感の強いタイル

地板：光泽度高的

質感を強調　　强调质感

店铺也采用"箱子"主题

Proteca 的店铺也采用把旅行箱放进箱子里的主题开展。为了让人们联想到移动，增加托盘和木箱元素

既可以增加房顶高度，又能营造着沉着的气氛

天井高を増しながら、落ちついた雰囲気に

天井：スケルトン + 黒色塗装
房顶：架子 + 黑色涂装

「運搬」「移動」するイメージから

「パレット」「木箱」をモチーフにした什器た

"托盘"和"木箱"主题的物件给人以"搬运"、"移动"的印象

細かい段差が作りやすく、陳列に立体感が出しやすい

设计矮一点的台阶高度，更容易陈列出立体感

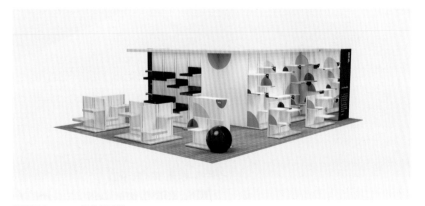

延伸到 Proteca 以外的品牌
ace. 的商店形式。在统一品牌形象的基础上，可结合陈列的环境进行顾客定制化服务

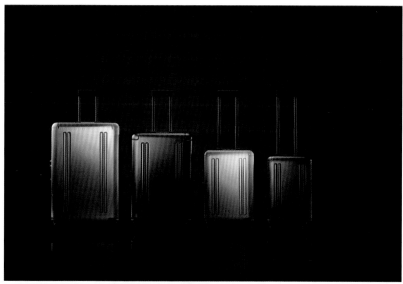

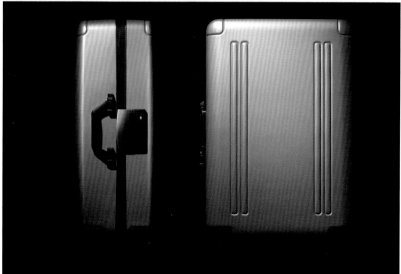

ZERO HALLIBURTON 也更新了设计

饱满大方的形式是 ZERO HALLIBURTON 珍视至今的重要标志。另一个特征——"双螺旋"设计
从以往的凸起状改成凹槽式,成功地在保持足够刚性的同时有效确保了内部的容量

—————— 活用废弃方案的程序④【放射型】 ——————

先以 A 主题为中心，对
所有环节的设计进行提案

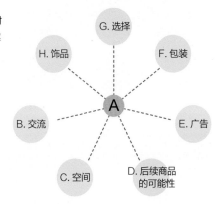

可能一开始只能采用部
分方案，但是废弃方案
也会深深地留在客户的
记忆里

曾经提过的设计可能会
复活，或者客户会委托
设计师做与 A 有关的其
他设计等，方案之间会
产生关联

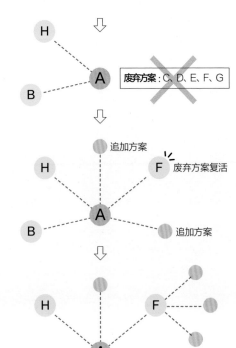

后　记

"废弃方案"几乎从来不被人注意到，注定在黑暗中葬送掉自己的性命。如果我们把聚光灯打向这些废弃方案的话，或许就能详细地解释项目的过程。创意的产生方式、项目的推进方法、思考的整理术等都可以通过废弃方案来讲述。这本书便来自佐藤大的一句话。日经设计曾经出版过佐藤大关于发散思维的书——《由内向外看世界：佐藤大的十大思考法和行动术》，而这一本书就是内在想法的产物。

通过对多个设计项目进行取材，我们对佐藤大引领的 nendo 工作室感到十分震惊，因为提案的数量、质量以及速度三方面均超过了标准。在聆听方针的三周之后，就能给客户提出包含详细 CG 在内的五个设计方案。而且提案的时候客户的接受程度很高，会议气氛往往也很热烈。佐藤大提出来的众多富有生命力的设计背后，累积了大量的废弃方案。

正因为有众多的失败和废弃方案，项目才能取得成功。甚至换个角度讲，可以说要想创造出一个成功案例，需要创造无数的失败案例。本书把创意被废弃的过程进行了分类。我们整理了废弃方案产生的过程，并把这个过程用图表表示了出来。希望大家可以参考本书，积极地去创造更多的废弃方案。不要害怕方案不被采用。创造废弃方案的同时，意味着你向成功迈进了一步。

最后，谨向同意我们刊载废弃方案的宝贝蒙、早稻田大学橄榄球部、IHI、ACE、乐天等各家公司致敬，没有大家的鼎力相助，就不会有这本书。最后，衷心感谢在本书制作的过程中给予大力支持的 nendo！

日经设计编辑部

图书在版编目（CIP）数据

佐藤大：没有废弃方案／（日）佐藤大著；安可译. —— 北京：文化发展出版社有限公司，2017.9

ISBN 978-7-5142-1887-9

Ⅰ．①佐… Ⅱ．①佐… ②安… Ⅲ．①设计学－文集

Ⅳ．①TB21-53

中国版本图书馆CIP数据核字(2017)第217911号

北京市版权著作权合同登记号 图字：01-2017-3284

佐藤大：没有废弃方案

[日] 佐藤大　著

安　可　译

出 版 人：武　赫

责任编辑：范　炜

责任印制：邓辉明

装帧设计：周安迪

出版发行：文化发展出版社（北京市翠微路 2 号　邮编：100036）

网　　　址：www.wenhuafazhan.com

经　　　销：各地新华书店

印　　　刷：北京印匠彩色印刷有限公司

开　　　本：889mm×1194mm　1/32

字　　　数：200 千字

印　　　张：6.5

印　　　次：2017年11月第1版　2018年7月第2次印刷

定　　　价：58.00 元

ＩＳＢＮ：978-7-5142-1887-9

◆ 如发现任何质量问题请与我社发行部联系。发行部电话：010-88275710